Was stimmt?

Humangenetik

Die wichtigsten Antworten

HERDER spektrum

Band 5744

Das Buch

Stehen die Designerbabys vor der Tür? Was wird vererbt? Was kann, was darf man werdenden Eltern vorhersagen? Und wann endlich können wir unheilbare Krankheiten besiegen? Wird es maßgeschneiderte Medikamente geben? Beim Thema Genetik vermischen sich Hoffnungen und Ängste. Fragen stellen sich, die an die Substanz unseres Daseins rühren. Welche Hoffnungen sind berechtigt, welche Ängste begründet? Was können wir von der Humangenetik erwarten, was nicht? Die umstrittenen Themen der Humangenetik: differenziert, kompetent, sachlich und leicht verständlich dargestellt.

Die Autoren

Wolfram Henn, ist Professor für Humangenetik und Ethik in der Medizin an der Universität des Saarlandes. Facharzt für Humangenetik mit Arbeitsschwerpunkt genetische Familienberatung.

Eckart Meese ist Professor für Humangenetik und Leiter des Instituts für Humangenetik der Universität des Saarlandes in Homburg/Saar.

Wolfram Henn / Eckart Meese

Was stimmt?

Humangenetik

Die wichtigsten Antworten

HERDER

FREIBURG · BASEL · WIEN

Gedruckt auf umweltfreundlichem,
chlorfrei gebleichtem Papier

Originalausgabe

Alle Rechte vorbehalten – Printed in Germany
© Verlag Herder Freiburg im Breisgau 2007
www.herder.de
Herstellung: fgb · freiburger graphische betriebe 2007
www.fgb.de
Umschlaggestaltung und Konzeption:
R · M · E München / Roland Eschlbeck, Liana Tuchel
Umschlagfoto: © Corbis
ISBN: 978-3-451-05744-1

Inhalt

Einleitung

Seit gut einem Jahrhundert haben die Naturwissenschaften mit immer schnelleren Umwälzungen nicht nur das tägliche Leben der Menschen, sondern auch ihr Bewusstsein verändert. Frühere Epochen wurden nach den vorherrschenden Grundtechnologien definiert, wie z.B. die Bronze- oder die Eisenzeit. Sie umfassten Jahrtausende. Das 20. Jahrhundert hat dagegen mit dem Atom-, dem Raumfahrt- und dem Computerzeitalter innerhalb weniger Jahrzehnte gleich drei Epochen definiert, die von Hiroshima über das Space Shuttle bis zum Internet unser Leben und Denken mitprägen.

Am Ende des vergangenen Jahrhunderts hat auch die Molekularbiologie Erkenntnisse und Technologien zu liefern begonnen, die aus den Labors der Forscher heraus unmittelbar in das tägliche Leben hineinwirken. An vielen Stellen geschieht das in ganz unspektakulärer Weise und als allseits willkommener Fortschritt, z.B. bei der Entwicklung neuartiger Medikamente. Schon wesentlich stärker emotional berührt uns die »grüne Gentechnologie«, deren Produkte in Form genetisch veränderter Nahrungsmittel die Supermärkte zu erreichen beginnen.

Ebenso wie bei der Atomkraft tobt hier ein weit über den Austausch rationaler Argumente hinausgehender Kampf zwischen Akzeptanz und

Der Kampf zwischen Akzeptanz und Verweigerung

Verweigerung, der im mitunter belächelten Versuch gipfelt, mit »atomkraftfreien« oder »gentechnikfreien Zonen« die neuen Technologien vollständig aus dem eigenen Leben fernzuhalten.

Das Genomprojekt

Nach dem Manhattan-Projekt, das zur Atombombe, und dem Apollo-Projekt, das zum Mondflug führte, war das Genomprojekt die dritte große konzertierte Aktion internationaler Wissenschaftler mit einem ehrgeizigen gemeinsamen Ziel. Tatsächlich war das von der Dachorganisation HUGO (Human Genome Organization) koordinierte Netzwerk der Genomforschung nach der Zahl der beteiligten Wissenschaftler und dem Investitionsvolumen sogar das größte Forschungsprojekt aller Zeiten.

Größtes Forschungsprojekt der Menschheit

Was dem Genomprojekt fehlte, waren die großen, öffentlichkeitswirksamen Paukenschläge wie Atomexplosionen oder Mondflüge. Die Verkündung des Abschlusses der Genkarte des Menschen durch Tony Blair und Bill Clinton 2001 konnte dem nicht annähernd gleichkommen.

Die Erkenntnisse der »leisen«, vielleicht deshalb sogar von manchen als undurchsichtig empfundenen Erforschung des menschlichen Erbgutes liegen näher an unserem eigenen Selbst als die irgendeiner anderen Wissenschaft. Nirgendwo sonst ist der Mensch so unmittelbar gleichzeitig Subjekt und Objekt der Forschung.

Die älteste und keineswegs abgeschlossene Kontroverse zu den praktischen Anwendungen der Genetik am Menschen bezieht sich auf vorgeburtliche genetische Untersuchungen, die Fragen nach der Akzeptanz von, nach welchen Kriterien auch immer, »unvollkommenen« Menschen und darüber hinaus nach unserem Menschenbild als Ganzem aufwerfen.

Spätestens mit den Diskussionen über anonyme Vaterschaftstests oder die Diskriminierung von Anlageträgern für Erbkrankheiten im Berufsleben hat nun wohl jeden von uns die Frage erreicht, was wir über unsere eigene erbliche Konstitution wissen wollen, was andere darüber erfahren dürfen und schließlich, was in näherer oder fernerer Zukunft aktiv am Erbgut von Menschen verändert werden darf.

Grundlagen der Humangenetik

»Seit ein paar Jahren kennen wir alle unsere Gene«

Das Genomprojekt

Das menschliche Genomprojekt wurde 1990 ins Leben gerufen und hatte die Sequenzierung des menschlichen Genoms, d.h. die Entschlüsselung aller im Erbsubstanzmolekül DNA codierten genetischen Informationen des Menschen zum Gegenstand. Die Kenntnis der DNA-Sequenz bildet die Grundlage dafür, die Bedeutung der einzelnen Gene und ihr Wechselspiel nicht nur für den gesunden Organismus, sondern auch für die Entstehung von Krankheiten zu verstehen. Die Stellung des Genomprojektes innerhalb der medizinischen Grundlagenforschung lässt sich mit der Stellung der Anatomie in der Medizin in den vergangenen Jahrhunderten vergleichen. Wie das Wissen um das Skelett und die Anatomie der Organe eine notwendige, aber nicht hinreichende Bedingung für das Verständnis der Funktionen des menschlichen Körpers ist, ist die Kenntnis der menschlichen DNA-Sequenz ein essentieller Bestandteil der modernen Zell- und Molekularbiologie.

Allerdings können aus der bloßen Kenntnis der Genomsequenz keine direkten Aussagen über die genauen Funktionen einzelner Gene und ihrer komplexen Wechselwirkungen gemacht werden. Die Untersuchung von Genfunktionen ist gegenwärtig Gegenstand der sogenannten »postgenomischen« Ära.

Die Größe der Aufgabe, welche die erste Sequenzierung eines menschlichen Genoms darstellte, spiegelt sich nicht zuletzt darin wider, dass das Projekt ursprünglich auf 15 Jahre angelegt war.

Bereits zwei Jahre früher als ursprünglich geplant, nämlich 2003, war die vollständige Sequenzierung des Genoms abgeschlossen. Dies lag zum einen an der international straff organisierten Kooperation großer Forschungszentren. Zum anderen spielte aber auch der starke Wettbewerb zwischen den staatlichen Forschungszentren und privat organisierten Sequenziervorhaben eine wichtige Rolle. Die verschiedenen nationalen Programme wurden im »International Human Genome Sequencing Consortium« koordiniert. In privater Konkurrenz zu diesen öffentlich finanzierten Sequenzierungen hat Craig Venter mit seiner Firma Celera das menschliche Genom im Alleingang sequenziert und im Jahre 2001 die erste Version der menschlichen DNA-Sequenz zeitgleich mit dem internationalen Konsortium veröffentlicht.

Die Sequenzdaten der staatlich getragenen Einrichtungen waren jederzeit frei zugänglich und die Firma Celera konnte sich dieser Daten bedienen. Ihre eigene Daten machte sie jedoch nicht publik. Der Grund dafür war die Absicht, bestimmte für kommerzielle Anwendungen wie etwa medizinische Gentests bedeutsame Gene zu patentieren. Die Patentierung von Genen, von denen zwar die DNA-Sequenz, nicht aber ihre genaue Funktion bekannt ist, steht weiterhin im Mittelpunkt intensiver Diskussionen und ist patentrechtlich in den USA und in Europa unterschiedlich bewertet worden. Insbesondere aus der Sicht vieler europäischer Wissenschaftler darf es nicht zulässig sein, menschliche DNA zum Gegenstand eines Patents zu machen, zumindest nicht bevor die Funktion des zu patentierenden Gens in großen Teilen aufgeklärt ist. Für zahlreiche Gensequenzen, deren Funktionen bekannt sind, sind bereits Patente erteilt worden.

Patentierung von Genen

Allerdings bleibt auch hier die grundsätzliche Frage, wem das menschliche Genom gehört: dem jeweiligen Spender einer DNA, dem Forscher bzw. der Einrichtung, die ein bestimmtes Gen in seiner Funktion entschlüsselt hat, oder der Menschheit als gesamtes Erbe.

Ein Ergebnis der Sequenzierung des menschlichen Genoms ist die relativ genaue Abschätzung der Gesamtzahl menschlicher Gene, die in der vorgenomischen Ära teilweise auf über 100 000 geschätzt wurde.

Überraschend wenige Gene: weniger als 30 000

Mit der Sequenzierung des Genoms zeigte sich, dass der Mensch eine überraschend niedrige

Anzahl von weniger als 30000 Genen besitzt. Die in höheren Organismen große Vielfalt an Proteinen, den Produkten von Genen – man geht für den Menschen von über 100000 verschiedenen Proteinen aus – ist nicht nur mit der Zahl der Gene zu erklären, sondern wird auch durch komplexe Mechanismen sichergestellt, mit deren Hilfe von einem einzigen Gen verschiedene Proteine mit unterschiedlichen Funktionen gebildet werden können.

Genomkarten

Neben der Bestimmung der Genzahl hat das humane Genomprojekt zu so genannten Gen- oder genauer Genomkarten geführt. Diese Genomkarten haben ähnlich den geographischen Karten verschiedene Auflösungsgrade.

Je nachdem, ob man wissen will, auf welchem Chromosom ein Gen liegt, oder ob man wissen will, welche Basenpaare innerhalb eines Gens verändert sind, kann man sich hoch- oder niedrigauflösender Karten bedienen. Die gröbsten Karten bieten Darstellungen von Chromosomen, auf denen Chromosomenregionen durch Bänderungsmuster kenntlich gemacht sind. Gebänderte Chromosomen können unter dem Lichtmikroskop betrachtet werden. Eine höhere Auflösung bieten Karten, die aus überlappenden DNA-Fragmenten bestehen und nur noch mittels molekularbiologischer Methoden dargestellt werden können. Eine Bande eines Chromosoms, die sich im Durchschnitt auf eine Länge von ca. 10 Millionen Basenpaare – die molekularen Einzelbausteine der DNA – bemisst, lässt sich z.B. durch 100000 überlappende Sequenzen darstellen.

Damit kann jeder Ort im Genom nicht nur durch eine Chromosomenbande, sondern auch durch eine der überlappenden Sequenzen definiert werden. Da jede der überlappenden Sequenzen molekulargenetisch charakterisiert sein muss, ist für die Erstellung entsprechender Karten ein enormer technischer Aufwand notwendig.

Man kann sich diese Karten so vorstellen, dass in regelmäßigen Abständen spezifische Markierungen, nämlich kurze DNA-Sequenzen, entlang des DNA-Fadens etabliert werden. Diese Markierungen werden als »sequence tagged site« (STS) bezeichnet. Eine Zahl von rund 15 000 solcher STS-Markierungen über das gesamte Genom bedeutet, dass alle 200 000 Basenpaare eine Markierung erfolgt.

Markierungen der DNA-Sequenzen

> **Für jedes Gen sind damit die Position auf dem Chromosom, die DNA-Fragmente, welche die Gensequenz beinhalten und die STS-Marker innerhalb und in der Nachbarschaft eines Gens bekannt.**

Neben diesen Karten, die auch als physische Karten bezeichnet werden, da sie die wirklichen Größenverhältnisse im Genom abbilden, gibt es Kopplungskarten. Diese unterscheiden sich insofern von den Genomkarten, als man darin gekoppelte Marker darstellt, d.h. kurze DNA-Sequenzen, die auf demselben Chromosom liegen und gemeinsam vererbt werden. Dabei ist nicht von Bedeutung, ob diese Marker auch für Merkmale des Organismus bestimmende Informationen tragen, sie müssen nur an ihrer DNA-Sequenz wiedererkennbar sein. Diese Marker liegen nicht unmittelbar nebeneinander auf dem Chromosom, sondern sind durch Abstände, die einige Millionen Basenpaare betragen können, voneinander getrennt. Deshalb können unter Verwendung nur weniger Markersequenzen große Entfernungen im Genom überbrückt werden.

Gekoppelte Marker: DNA-Sequenzen, die auf demselben Chromosom liegen und gemeinsam vererbt werden.

Identifizierung von Genen, die für erbliche Krankheiten verantwortlich sind

Gekoppelte Marker werden erfolgreich zur Identifizierung von Genen eingesetzt, die für die Ausprägung von erblich bedingten Krankheiten verantwortlich sind. Dabei wird in einer von einer bestimmten Erbkrankheit betroffenen Familie nach polymorphen Markern, also in der Bevölkerung in verschiedenen Varianten vorkommenden DNA-Sequenzen gesucht, bei denen eine Variante nur bei den kranken Familienmitgliedern vorkommt und bei den gesunden nicht.

Identifizierung krankheitsverursachender Gene

Der Wert dieses Ansatzes, der bereits zur Identifizierung einer Vielzahl von krankheitsrelevanten Genen geführt hat, besteht darin, dass sich auch ohne Kenntnis der genauen biologischen Ursachen einer erblich bedingten Erkrankung die verantwortlichen Gene nur aufgrund ihrer Position im Genom identifizieren lassen.

Wenn z. B. in einer Familie ein Großvater, sein Sohn und sein Enkel erkrankt sind und zugleich alle drei Betroffenen einen bestimmten Marker tragen, dann kann man davon ausgehen, dass dieser Marker in der Nähe des zu suchenden Gens liegt, das für die Ausprägung der Krankheit verantwortlich ist. Ohne dass man zu diesem Zeitpunkt das Gen kennt, kann man also mit Hilfe von Markern über Kopplungsanalysen die Position des Gens im Genom einengen.

Da die molekularen Grundlagen erblich bedingter Erkrankungen oft ungeklärt sind, ist es in solchen Fällen der einzige Weg, die für die Krankheit verantwortlichen Gene zu finden. Während in der Vergangenheit durch diesen Ansatz in erster Linie monogene Krankheiten untersucht wurden, also Krankheiten, die nur durch ein einziges Gen verursacht werden, zielen jüngere Ansätze darauf ab, mit dieser Strategie auch Krankheiten genetisch aufzuklären, die durch das Zusammenspiel mehrerer Gene mitverursacht werden. In diesen Fällen ist allerdings der experimentelle und rechnerische Aufwand um vieles größer.

Aufklärung von Krankheiten, die durch verschiedene Gene verursacht werden

Eine noch anspruchsvollere Herausforderung stellen die vielen multifaktoriellen Erkrankungen dar, die durch das Zusammenspiel von genetischen Faktoren und Umweltfaktoren ausgelöst werden (siehe S. 56). Hier stehen wir erst am Anfang des Prozesses, die beteiligten Gene zu identifizieren.

Mit Hilfe verschiedener über das World Wide Web verfügbarer Computerprogramme kann man Zugang zu den in den verschiedenen Karten enthaltenen Informationen erhalten. Unter Verwendung von Navigationsprogrammen kann man sich bestimmte Ausschnitte aus Chromosomen in einer Detailübersicht darstellen lassen. Dies schließt auch die in einer Chromosomenregion enthaltenen Gene und Markersequenzen, wie z. B. Mikrosatellitensequenzen ein. Über die reine Lokalisation von DNA-Sequenzen im Genom hinaus bieten diese Navigationsprogramme auch Hintergrundinformationen über Gene, z. B. über deren normale Funktion und ggf. über deren Rolle bei der Entstehung von Erkrankungen. Genome Database: www.gdb.org National Center for Biotechnology Information: www.ncbi.nlm.nih.gov

Eine weitere Entwicklung, die sich parallel zum Genomprojekt vollzog, war die Etablierung effizienter Sequenzierverfahren. Während in der Frühzeit der DNA-Sequenzierung Mitte der 80er Jahre meist noch unter Einsatz von Radioaktivität sehr zeitaufwendig manuell sequenziert wurde, wurden später automatische Sequenziermaschinen entwickelt, welche die Analyse von DNA in Hochdurchsatzverfahren mithilfe von Fluoreszenzfarbstoffen erlauben.

Die DNA-Sequenzen gesunder Menschen unterscheiden sich deutlich

Sowohl die Sequenzierung durch das staatliche Genomprojekt als auch die des kommerziellen Genomprojektes basierten auf DNA-Sequenzen ausgewählter Spender. Schon lange vor dem Start des humanen Genomprojekts im Jahr 1990 war je-

GRUNDLAGEN DER HUMANGENETIK

doch bekannt, dass sich die Genome verschiedener gesunder Menschen in ihrer DNA-Sequenz deutlich voneinander unterscheiden (siehe S. 46).

Man geht davon aus, dass sich zwei beliebig ausgewählte Menschen in mehr als einem von jeweils tausend Nukleotiden, den kleinsten Bausteinen der DNA, unterscheiden. Bei einer Gesamtzahl von drei Milliarden Nukleotiden pro Genom bedeutet dies, dass sich zwei gesunde Personen in insgesamt drei Millionen Nukleotiden voneinander unterscheiden. Viele dieser genetischen Normvarianten – man bezeichnet sie als DNA-Polymorphismen – liegen innerhalb von Genen, die für die Merkmalsausprägungen verantwortlich sind. Daher ist ihreErfassung für das Verständnis der genetischen Verschiedenartigkeit der Menschen von zentraler Bedeutung.

Unterschiedliche Krankheitsrisiken

> **Diese Unterschiede sind nicht nur der Grund für das unterschiedliche Aussehen der Menschen, sie sind auch für andere Verschiedenheiten des Menschen (mit)verantwortlich, wie z. B. ein unterschiedliches individuelles Risiko für bestimmte Erkrankungen.**

Selbstverständlich wird je nach Art der Erkrankung die Anfälligkeit in maßgeblichem Umfang durch nicht-genetische Faktoren, wie z.B. die Lebensführung, bestimmt. Hier gilt, dass viele Erkrankungen, wie z.B. die sehr häufigen Herz-Kreislauf-Erkrankungen, durch ein Wechselspiel von Erbe und Umwelt bedingt sind.

Im Zusammenhang mit DNA-Polymorphismen wird in jüngster Zeit auch das unterschiedliche Ansprechen von Patienten auf Medikamente untersucht. Unter dem Stichwort Pharmakogenetik werden Zusammenhänge zwischen DNA-Polymorphismen und der Empfindlichkeit gegenüber Medikamenten analysiert, die durch genetische Varianten im Stoffwechsel bestimmt wird. Ein Fernziel besteht darin, dass vor der Gabe eines bestimmten Medikamentes ein DNA-Profil eines Patienten erstellt werden kann, mit dessen Hilfe sich sein individuelles Ansprechen auf dieses Medikament voraussagen lässt. Diese Art von personalisierter Medizin würde für die Behandlung des Patienten Vorteile mit sich bringen und auch für das Gesundheitssystem durch gezieltere Therapiewahl Kosteneinsparungen bedeuten.

Neben dem menschlichen Genom sind die Genome zahlreicher höherer und niederer Organismen bereits vollständig sequenziert worden. Hierzu zählen die Genome verschiedener Bakterien und Hefen, der Fruchtfliege Drosophila und von Maus und Ratte. Für die Wahl der jeweiligen Genome gab es unterschiedliche Gründe. Werden z. B. die Genome von krankheitsverursachenden Mikroorganismen sequenziert, so lassen sich die Mechanismen, mit denen sie die Krankheit auslösen, besser verstehen und es entstehen Möglichkeiten für die Entwicklung neuer Therapien. Die Sequenzierung der Genome von einfachen Organismen vermittelt Einblicke in biologische Prozesse, die beim Menschen oft wesentlich schwerer zu durchschauen sind. Das Genom der

Fruchtfliege wurde sequenziert, da sie seit mehreren Jahrzehnten einer der zentralen Modellorganismen für die molekulare Genetik ist. Das Mausgenomprojekt wurde durchgeführt, da dieses Genom ähnlich viele Gene umfasst wie das menschliche Genom und es zu fast allen menschlichen Genen bei der Maus entsprechende Gegenstücke gibt.

Mäuse, bei denen gezielt bestimmte Gene ausgeschaltet wurden – man spricht in diesem Zusammenhang von Knockout-Mäusen – werden als Modelle zum Verständnis für menschliche Krankheiten eingesetzt. Durch das Ausschalten eines oder mehrerer Gene kann ein Krankheitsbild hervorgerufen werden, das einem menschlichen Krankheitsbild entspricht. Mit diesen Tiermodellen können gezielt Therapien getestet werden, die Krankheiten an ihrem Ursprung bekämpfen.

Mäuse als Modelle

> **Zusammenfassend ist festzuhalten, dass das menschliche Genomprojekt sowie die Genomprojekte anderer Spezies zu denjenigen Vorhaben der Grundlagenforschung zählen, welche die in sie gesetzten Erwartungen sicher erfüllt haben.**

Der Gewinn ist überaus vielfältig, und reicht vom besseren theoretischen Verständnis normaler Funktionen des Körpers über die Entwicklung methodischer Ansätze zur effizienten Identifizierung von krankheitsverursachenden Genen bis zur praktischen Entwicklung verbesserter Therapieansätze.

»Unser Erbgut besteht nur zum kleinen Teil aus sinnvollen Informationen«

Der Aufbau des Genoms

Mitochondrien

Die Gesamtheit der DNA einer menschlichen Zelle wird als ihr Genom bezeichnet. Ein sehr kleiner Teil der DNA ist in den Mitochondrien lokalisiert.

> Die Mitochondrien entsprechen urtümlichen einzelligen Organismen, die in der frühen Entwicklungsgeschichte in die Zellen höherer Organismen eingewandert sind und ihr eigenständiges Erbgut teilweise bewahrt haben. Sie spielen eine zentrale Rolle im Energiehaushalt der Zelle.

Der überwiegende Teil der DNA ist im Zellkern lokalisiert, und dort als insgesamt fast zwei Meter langes fadenförmiges Molekül aufgebaut. Um die Kern-DNA im Zellkern unterzubringen, ist sie in Chromatin verpackt, das neben dem »aufgewickelten« DNA-Faden aus Proteinen besteht. Bevor eine Zelle sich teilt, wird das Chromatin in dichter gepackte Chromosomen überführt. Dadurch wird bei der Zellteilung eine geordnete Weitergabe der DNA an die beiden Tochterzellen sichergestellt.

Weitergabe der DNA

> **Insgesamt besitzt eine menschliche Körperzelle 23 Chromosomenpaare, nämlich die bei beiden Geschlechtern gleichen Autosomenpaare Nr. 1–22 und die Geschlechtschromosomenpaare XX und XY.**

Wie in jedem biologischen System gibt es auch bei dieser Regel Ausnahmen. Keimzellen (Eizellen und Samenzellen) haben jeweils nur einen einfachen Chromosomensatz, also insgesamt 23 Chromosomen. In der als Meiose bezeichneten Bildung der Keimzellen aus den Körperzellen werden die Chromosomenpaare aufgeteilt, weshalb Eizellen jeweils ein Chromosom Nr. 1–22 sowie ein X-Chromosom enthalten. Die Samenzellen enthalten ebenfalls je ein Chromosom 1–22, die Hälfte von ihnen zusätzlich ein X-Chromosom, die andere Hälfte ein Y-Chromosom. Hierdurch wird bei der Befruchtung das Geschlecht des Kindes festgelegt.

Rote Blutkörperchen enthalten keine Chromosomen und bestimmte Zellen der Leber enthalten nicht zwei, sondern vier Sätze der 23 Chromosomen. Die Chromosomen lassen sich entsprechend ihrer Größe und der Lage des Zentromers voneinander unterscheiden. Das Zentromer ist eine Stelle der Chromosomen, die unter dem Mikroskop als Einschnürung sichtbar ist und die eine zentrale Rolle bei der Verteilung der Chromosomen auf die Tochterzellen spielt. Das entscheidende Kriterium zur Charakterisierung ist aber ein Bandenmuster, das durch Anfärbung der Chromosomen erzeugt werden kann.

Jedes Chromosom hat ein spezifisches Bandenmuster, anhand dessen sich unter dem Mikroskop auch Strukturveränderungen identifizieren lassen.

Die mikroskopische Darstellung eines gesamten Chromosomensatzes wird als Karyotyp bezeichnet. Diese Nachweismethode genetischer Veränderungen ist relativ grob. Oftmals sind Mutationen, d.h. Veränderungen der DNA-Sequenz so klein, dass nur ein einzelner Baustein der DNA, also ein Nukleotid, davon betroffen ist. Man spricht in diesem Zusammenhang auch verkürzt von der Veränderung eines Basenpaars, da die einzelnen Basen die Bestandteile sind, welche die Nukleotide der DNA voneinander unterscheiden. Eine Chromosomenbande entspricht im Mittel einer Länge von einer Million Basenpaaren. Da dies die kleinste unter dem Mikroskop sichtbare Einheit ist, können alle kleineren Veränderungen durch Chromosomenbänderungen nicht erfasst werden (siehe Abbildungen S. 52/53).

Chromosomen-banden

Hierzu zählt die überwiegende Mehrzahl aller Mutationen, deren Nachweis nur durch molekularbiologische Methoden wie die DNA-Sequenzierung möglich ist.

Nachweis von Mutationen

Auf den Chromosomen verteilt liegen die einzelnen Gene. Insgesamt geht man von etwas weniger als 30000 Genen aus. Diese Gene machen allerdings nur ca. 2 % der DNA des Menschen aus. Dies bedeutet, dass im Durchschnitt nur ein

Nur 2 % des Genoms bestehen aus Genen

Gen in einem DNA-Abschnitt von 100000 Basenpaaren Länge liegt. Im Vergleich dazu liegen die 37 Gene auf der kleinen DNA der Mitochondrien sehr dicht; in einem DNA-Stück von 450 Basenpaaren Länge liegt durchschnittlich ein mitochondriales Gen. Die sehr großen Bereiche der Kern-DNA, die keine Gene enthalten und damit auch nicht direkt für die Merkmalsausprägung verantwortlich sind, wurden lange Zeit auch als Abfall-DNA (»Junk-DNA«) betrachtet.

Junk-DNA

Der genleere, »nicht-codierende« Teil der DNA des Menschen besteht zu mehr als der Hälfte aus sich wiederholenden Sequenzen, die als repetitive DNA bezeichnet werden. Diese repetitiven Sequenzen liegen entweder in tandemartiger Folge nebeneinander und formen so ganze DNA-Blöcke, oder sie sind über das ganze Genom verteilt. Entsprechend ihrer Größe und Position auf dem Chromosom werden die in Blöcken organisierten repetitiven Sequenzen als Satelliten-DNA, Minisatelliten-DNA und Mikrosatelliten-DNA bezeichnet. Die die Satelliten-DNA besteht aus den größten Abfolgen sich wiederholender Sequenzen.

Satelliten-DNA

Bestimmte Arten der Satelliten-DNA finden sich vorzugsweise an den Zentromeren der Chromosomen und spielen wahrscheinlich eine zentrale Rolle für deren Funktion bei der Zellteilung. Minisatelliten-DNAs sind Sequenzwiederholungen von mittlerer Länge, die zum einen im Bereich der Chromosomenenden, lokalisiert sind und als Telomere bezeichnet werden, und zum anderen über größere Bereiche des Kerngenoms verteilt sind. Bei den Mikrosatelliten handelt es sich um einfache Sequenzwiederholungen, bei denen z.B. nur zwei Nukleotide wiederholt werden. Die Mehrzahl der Mikrosatellitensequenzen liegt allerdings, wie auch die anderen Satellitensequenzen, zu weit von den Genen entfernt, um deren Funktion direkt beeinflussen zu können.

Während die Sequenzanalyse der Satelliten-DNAs nicht zuletzt dank des Genomprojekts sehr weit fortgeschritten ist, besteht hinsichtlich ihrer biologischen Funktionen in der gesunden Zelle noch weitgehend Unklarheit. Unabhängig von ihrer biologischen Rolle hat man sich aber Eigenschaften dieser Sequenzwiederholungen zunutze gemacht, u.a. bei Abstammungsgutachten, bei gerichtsmedizinischen Analysen und bei der Suche nach Genen, die für menschliche Erkrankungen verantwortlich sind (siehe S. 113).

Mikrosatelliten weisen häufig eine hohe Instabilität auf, d.h. die Zahl der Sequenzwiederholungen ändert sich bei der Vererbung von einer Generation auf die nächste. So wird z.B. das fragile X-Syndrom, eine hauptsächlich bei Männern auftretende erbliche geistige Behinderung, durch eine erhöhte Zahl von Sequenzwiederholungen eines bestimmten Mikrosatelliten innerhalb eines für Gehirnfunktionen wichtigen Gens auf dem X-Chromosom ausgelöst.

Neben den repetitiven DNA-Segmenten, die in Blöcken im menschlichen Genom vorkommen, gibt es auch verstreut liegende repetitive DNA-Sequenzen. Diese DNA-Elemente sind ursprünglich aus beweglichen DNA-Sequenzen (Transposons) hervorgegangen, die im Laufe der Evolution an verschiedenen Stellen in das Genom integriert sind. Hierbei haben sie sich verschiedener Mechanismen bedient, aufgrund derer man diese verstreuten repetitiven DNA-Sequenzen einteilen kann.

Die häufigste unter den im menschlichen Genom verstreut liegenden repetitiven Sequenzen ist die so genannte Alu-Sequenz, die über 1,8 Millionen mal im Genom vorkommt und ca. 13 % des gesamten Genoms ausmacht. In Anbetracht der Tatsache, dass sich die Alu-Sequenzen während der Evolution im Genom über 60 Millionen Jahre nicht nur erhalten, sondern auch zu ihrer großen Zahl vermehrt haben, ist davon auszugehen, dass sie eine unverzichtbare Funktion im Genom übernehmen – wir wissen nur noch nicht, welche. Interessanterweise werden einige der Alu-Sequenzen in die Überträgersubstanz RNA umgeschrieben, ein Vorgang, der ansonsten den Genen vorbehalten ist, deren Information erst in RNA und dann in Proteine umgeschrieben wird. Während die Alu-Sequenzen mit einer Länge von 300 Basenpaaren relativ kurz sind, gibt es auch verstreut liegende repetitive Sequenzen, die sogenannten LINE-Sequenzen, die bis zu 6000 Basenpaare lang sind und 20 % des Genoms ausmachen.

Alu-Sequenzen

Eine weitere Gruppe dieser repetitiven Elemente bilden die humanen endogenen Retroviren, die im Laufe der Evolution in das Genom eingebaut wurden. Retroviren wie das bekannte AIDS-Virus HIV können menschliche Zellen infizieren und ihr Genom in die DNA einer menschlichen Zelle einbauen.

Endogene Retroviren

> **Das Besondere der endogenen Retroviren besteht darin, dass sie nicht Körperzellen wie z. B. Hautzellen infiziert haben, sondern Keimzellen, aus denen Spermien und Eizellen hervorgehen. Durch diesen Prozess, der vor vielen Millionen Jahren in den Vorläuferspezies des Menschen stattgefunden hat, tragen alle Nachkommen, d. h. alle Menschen diese Retroviren, die deshalb als »endogen« bezeichnet werden, in ihrem Erbgut.**

Im Laufe der Evolution sind immer wieder verschiedene Retroviren in die Keimzellen der damals lebenden Arten eingedrungen. Wie andere verstreut liegende repetitive Elemente konnten sich die humanen endogenen Retroviren im Genom der Wirtszelle anschließend vermehren, so dass sie heute 8 % des menschlichen Genoms ausmachen.

Repetitive DNA-Elemente lassen sich, auch über Vaterschaftstests hinaus, zur Analyse von DNA einsetzen. Mit Hilfe von Alu-Sequenzen werden im Labor z. B. DNA-Proben des Menschen von DNA-Proben naher verwandter Arten unterschieden. Repetitive DNA-Sequenzen haben auch eine sehr große Bedeutung für unser Verständnis der Evolution des Menschen.

Die Fähigkeit dieser Elemente, im Laufe von vielen Millionen Jahren ihre Position im Genom zu verändern und dabei ihre Anzahl sehr stark zu erhöhen, hat dazu geführt, dass solche Elemente auch in unmittelbarer Nachbarschaft von Genen in die DNA eingebaut wurden und damit über die gesamte Evolution die Aktivität dieser Gene beeinflusst haben. Dies kann bedeuten, dass Gene infolge eines solchen evolutiven Ereignisses in den nachkommenden Generationen ausgeschaltet bzw. verstärkt aktiv waren. Das Genom in seiner heutigen Sequenz und damit auch mit seiner heutigen biologischen Information ist maßgeblich durch die Aktivität dieser repetitiven Elemente mitgeformt worden. Von »Abfall-DNA« kann also doch nicht die Rede sein.

»Die Gene sind das Alphabet des Lebens«

Gene und ihre Funktionen

Eine der häufigsten Fragen an die Humangenetik ist die nach dem Einfluss der Gene auf den Phänotyp, also die Merkmale eines Menschen. Werden wir stärker von unserem Erbe oder von unserer Umwelt geprägt? Diese Frage lässt sich nur für einzelne Merkmale getrennt beantworten. Für die weit überwiegende Zahl der Merkmale wirken Gene und Umwelt zusammen.

Zusammenspiel von Erbe und Umwelt

Bei diesen sogenannten multifaktoriellen Merkmalen sind meist sowohl mehrere Gene als auch verschiedene Umwelteinflüsse wirksam.

Multifaktorielle Merkmale

Zu diesen multifaktoriellen Merkmalen zählen z. B. Gewicht, Hautfarbe und Körpergröße des Menschen. Welche einzelnen Faktoren auf die Ausprägung solcher komplexer Merkmale Einfluss haben, ist in den meisten Fällen nicht geklärt. Das liegt zum einen daran, dass das Interesse der Grundlagenforschung primär auf Gene gerichtet ist, die unmittelbar für Krankheiten verantwortlich sind. Zum anderen ist die Identifizierung von Genen bei multifaktoriellen Merkmalen außerordentlich schwierig. Letzteres gilt natürlich auch für Krankheiten, bei denen mehrere Gene und verschiedene Umweltfaktoren zusammenwirken, wie Diabetes und Hypertonie (Bluthochdruck). Am einfachsten ist die Wirkung von Genen bei denjenigen Erkrankungen des Menschen zu bestimmen, bei denen nur ein einzelnes

Gen verantwortlich ist und Umwelteinflüsse keinen oder nur einen sehr geringen Einfluss auf die Ausprägung des Krankheitsbildes haben.

Die bekannteste monogene Erkrankung, die durch ein einziges verändertes Gen verursacht wird, ist die Mukoviszidose (Zystische Fibrose), die in Mitteleuropa bei einem unter 2500 Neugeborenen auftritt (siehe S. 57).

Monogene Erkrankungen: verursacht durch ein einziges Gen

Das für die Mukoviszidose verantwortliche CFTR-Gen wurde bereits 1985 identifiziert und zählt zu den ersten krankheitsrelevanten Genen, die mit humangenetischen Methoden gefunden wurden.

Bei der Mukoviszidose kommt es zur Bildung von zähem Sekret und in der Folge meist zu einer chronischen Erkrankung von Lunge und Bauchspeicheldrüse. Um die Rolle genetischer Veränderungen bei der Mukoviszidose zu verdeutlichen, sollen im folgenden einige Grundlagen über den Aufbau der DNA und über die Funktion von Genen erläutert werden.

Gene sind kurze Abschnitte auf der menschlichen Erbsubstanz, der DNA, die aus einer Abfolge von 3 Milliarden Nukleotiden besteht. Diese Nukleotide sind die kleinsten Bausteine der DNA und unterscheiden sich voneinander jeweils nur durch eine sogenannte Base.

Der genetische Code: Bauplan des Lebens

Es gibt in der DNA nur vier verschiedene Basen, nämlich Adenin, Guanin, Cytosin und Thymin – und damit auch nur vier verschiedene Nukleotide. Die unterschiedlichen Nukleotide werden meist nur mit den Anfangsbuchstaben der Basen, also A, G, C und T bezeichnet. In der unterschiedlichen Reihenfolge dieser vier Bausteine liegt der gesamte Informationsgehalt der DNA.

Wie können nun diese vier Basen die gesamte Information für die Bildung des menschlichen Körpers mit all seinen verschiedenen Organsystemen verschlüsseln?

Bereits eine DNA-Sequenz von nur zwei Nukleotiden kann auf 16 verschiedene Weisen dargestellt werden: Vier Möglichkeiten für den Fall, dass die erste Position durch ein Adenin besetzt ist und die zweite durch jeweils eines der vier Nukleotide, d.h. AT, AC, AG, oder AA, vier Möglichkeiten für den Fall, dass die erste Position durch ein Thymin besetzt ist (TT, TC, TG, TA), vier Möglichkeiten für den Fall, dass die erste Position durch ein Guanin besetzt ist (GT, GC, GG, GA), und vier Möglichkeiten für den Fall, dass die erste Position durch ein Cytosin besetzt ist (CT, CC, CG, CA). Entsprechend kann ein DNA-Stück von drei Nukleotiden Länge, ein sogenanntes Triplett, auf 4 x 4 x 4 = 64 verschiedene Möglichkeiten dargestellt werden.

Damit die in der DNA-Sequenz gespeicherte Information zum Bau von Körperzellen verwendet werden kann, muss sie in Proteine übersetzt werden.

> Proteine bestehen aus Ketten von Aminosäuren, von denen es insgesamt 20 verschiedene Arten gibt. Da jeweils ein Triplett eine Aminosäure kodiert, reichen die 64 Möglichkeiten, ein Triplett darzustellen, vollkommen aus.

Vom Basentriplett zum Protein

Jede einzelne Aminosäure kann sogar durch mehrere verschiedene Tripletts kodiert werden. Beispielsweise kann die Aminosäure Prolin sowohl durch die Sequenz CCU, CCC, CCA als auch CCG kodiert werden. Bereits zu Beginn der Evolution des Lebens ist festgelegt worden, welche Nukleotidfolge welche Aminosäure kodiert.

Da dieser genetische Code für alle Lebewesen gleich ist, spricht man auch von der Universalität des genetischen Codes, der wie viele Organisationsprinzipien des Lebendigen durch die gesamte Evolution hindurch in den verschiedenen Spezies beibehalten worden ist.

Universalität des genetischen Codes

Das für die Mukoviszidose verantwortliche Gen namens CFTR besitzt eine Länge von 6500 Nukleotiden und kodiert damit für ein Protein, das aus ca 1500 Aminosäuren besteht. Wenn man von einem für Mukoviszidose verantwortlichen Gen spricht, ist das eine verkürzte Ausdrucksweise, da das Gen in seinem Normalzustand nicht für die Ausprägung einer Krankheit, sondern für normale Funktionen in Körperzellen verantwortlich ist. Bei der Mehrzahl der Patienten mit Mukoviszidose kommt es durch das Fehlen eines Basentripletts im Gen zum Ausfall einer einzelnen Aminosäure im Protein. Das so veränderte Protein kann

	U	C	A	G	
U	Phe	Ser	Tyr	Cys	U
	Phe	Ser	Tyr	Cys	C
	Leu	Ser	STOP	STOP	A
	Leu	Ser	STOP	Trp	G
C	Leu	Pro	His	Arg	U
	Leu	Pro	His	Arg	C
	Leu	Pro	Gln	Arg	A
	Leu	Pro	Gln	Arg	G
A	Ile	Thr	Asn	Ser	U
	Ile	Thr	Asn	Ser	C
	Ile	Thr	Lys	Arg	A
	Met	Thr	Lys	Arg	G
G	Val	Ala	Asp	Gly	U
	Val	Ala	Asp	Gly	C
	Val	Ala	Glu	Gly	A
	Val	Ala	Glu	Gly	G

Dargestellt ist das Triplett der Überträgersubstanz RNA, die den Code der DNA zu den Ribosomen transportiert, an denen die Proteine gebildet werden. In der RNA ist die Base Thymin der DNA durch Uracil ersetzt, deshalb steht in der Tabelle U statt T. Lesebeispiel: Das Triplett CAG codiert für die Aminosäure Gln (Glutamin), UGA für Stop, also das Ende der Aminosäurekette.

seine normalen zellulären Funktionen nicht mehr ausüben. Dies muss allerdings nicht bedeuten, dass eine Erkrankung auftritt, da fast alle Körperzellen zwei Kopien der DNA und damit auch jeweils zwei Kopien jedes Gens besitzen. Eine Ausnahme bilden nur die wenigen Gene auf den

Geschlechtschromosomen X und Y, von denen der Mann nur jeweils eines besitzt. Für das mit Mukoviszidose assoziierte Gen auf Chromosom Nr. 7 gilt, dass bei einer veränderten Kopie die verbleibende normale zweite Kopie noch genügend normales Protein bilden kann.

Es gibt unterschiedliche Weisen, wie zwei Allele eines Gens bei der Merkmalsausprägung zusammenwirken können. Wenn bereits ein Allel für eine Merkmalsausprägung ausreicht, spricht man von Dominanz. In diesem Fall spielt das

> **Die verschiedenen Ausprägungsformen eines Gens werden als Allele bezeichnet.**

andere Allel für die Merkmalsausprägung keine Rolle. Wenn beide Allele gemeinsam für die Merkmalsausprägung notwendig sind, spricht man von Rezessivität. Dieses Prinzip lässt sich an einem einfachen Beispiel aus der Botanik am besten verdeutlichen: Ein bestimmtes Gen sei für die Blütenfarbe verantwortlich, seine Allele einmal für die Farbe Rot und einmal für die Farbe Weiß. Wenn das Allel für Rot dominant ist, wird sich die Blüte bei Vorliegen eines roten und eines weißen Allels rot färben. Wenn das Allel für Rot rezessiv ist, wird die Blüte nur dann rot gefärbt sein, wenn die Pflanze zwei Allele für Rot besitzt. Im Falle des mit Mukoviszidose assoziierten CFTR-Gens liegt eine rezessive Situation vor, d. h. die Krankheit tritt nur dann auf, wenn eine Veränderung bei beiden vom Vater bzw. der Mutter ererbten Allelen des Gens vorliegt.

Dominante und rezessive Allele

Für die Mukoviszidose sind zahlreiche solcher Veränderungen innerhalb des verantwortlichen

Gens beschrieben worden. Statt von Veränderungen spricht man auch von Mutationen des Gens. Am häufigsten ist die bereits angesprochene Mutation, bei der es durch den Verlust von drei Nukleotiden, nämlich TTT, zum Fehlen des Aminosäurebausteins Phenylalanin an einer bestimmten Stelle des Proteins kommt. Diese Mutation »delta F 508« macht unter Mitteleuropäern etwa 70% aller insgesamt bisher im CFTR-Gen beschriebenen über 1000 meist sehr seltenen Mutationen aus. Der Schweregrad, mit der die Mukoviszidose ausgeprägt ist, hängt davon ab, welche der Mutationen vorliegen, weil nicht alle Mutationen die Funktion des Proteins komplett lahmlegen. Das Vorliegen zweier mutierter Allele, die beide mit einem relativ milden Krankheitsverlauf verbunden sind, kann dazu führen, dass die Krankheit ohne wesentliche Beeinträchtigung der Lungenfunktion verläuft. Zu diesen »milden« Allelen zählt allerdings nicht die »europäische« Mutation delta F 508. Wenn beide Allele diese Mutation tragen, kommt es zu einem schweren Krankheitsverlauf bei der Mukoviszidose, bei dem nicht nur die Funktion der Atmungsorgane, sondern auch die Funktion der Bauchspeicheldrüse und damit die Verdauung stark beeinträchtigt sind.

Im Allgemeinen gilt: Bei rezessiven Merkmalen ist eines der zwei Allele jedes Gens von der Mutter und das andere vom Vater ererbt. Daher tragen beide Eltern eines Kindes mit einer rezessiven Krankheit meist nur ein Allel mit einer Mutation, während das andere Allel nicht mutiert ist. Die

Mutationen: Druckfehler im Genom

Rezessive und dominante Erkrankungen: Vererbungsprinzipien

Eltern sind daher gesund. Jedes Elternteil kann allerdings das Allel mit der Mutation an ein Kind weitergeben, so dass bei diesem Zusammentreffen das Kind zwei mutierte Allele erbt und erkrankt. Im Gegensatz zu rezessiven Erkrankungen treten dominante Erkrankungen in der Regel in aufeinanderfolgenden Generationen auf.

> **Zum Auftreten einer dominanten Erkrankung reicht es aus, wenn ein Allel mutiert ist, das entweder vom Vater oder von der Mutter ererbt sein kann. Jede Person, die ein mutiertes Allel trägt, zeigt in der Regel auch Krankheitssymptome.**

Einschränkend ist auch hier anzumerken, dass mutierte Allele in unterschiedlichem Ausmaß zur Ausprägung einer Krankheit führen, so dass sehr milde Krankheitsverläufe auch bei dominantem Erbgang auftreten können. Dann kann fälschlicherweise der Eindruck entstehen, dass eine Generation bei der Weitergabe der Krankheit übersprungen wird.

Die häufigste dominante Erkrankung ist die familiäre Hypercholesterinämie, bei der die LDL-Cholesterinwerte im Blut um das Zwei- bis Dreifache erhöht sind. Patienten mit dieser Erkrankung können schon vor ihrem dreißigsten Lebensjahr ihren ersten Herzinfarkt erleiden. Die von der ererbten Genveränderung verursachten Symptome sind also nicht angeboren, sondern treten erst später im Leben auf. Das erklärt auch, warum dominant bedingte Erkrankungen mit einer solchen Spätmanifestation im Laufe der Evolution nicht verschwunden sind. Die Träger der mutierten Gene erreichen das fortpflanzungsfähige Alter meist vor dem Auftreten der ersten deutlichen Krankheitssymptome.

Bei der Einteilung in dominante und rezessive Vererbung handelt es sich um vereinfachende Beschreibungen von genetischen Sachverhalten, die oft der biologischen Wirklichkeit nur annäherungsweise gerecht werden. Dies sei am Beispiel der Sichelzellanämie erläutert. Hierbei handelt es sich um eine erbliche Bluterkrankung, bei der sich die roten Blutkörperchen so verformen, dass sie ein sichelartiges Aussehen annehmen und daher zuwenig Sauerstoff transportieren. Die molekularen Ursachen liegen im Austausch eines Nukleotids in einem der Gene, die für die Bildung von Hämoglobin verantwortlich sind. In der Folge ist eine der Proteinketten, aus denen das Hämoglobin aufgebaut ist, verändert. Diese Veränderung führt wiederum zu einer Verformung der roten Blutkörperchen. Nur Patienten, bei denen beide Allele den Nukleotidaustausch aufweisen, zeigen das volle Krankheitsbild einer mangelnden Blutversorgung. Es handelt sich so betrachtet eindeutig um eine rezessive Erkrankung, da zwei mutierte Allele für das Krankheitsbild notwendig sind und Träger nur eines mutierten Allels unter normalen Umständen klinisch unauffällig sind. Allerdings zeigen Träger nur eines mutierten Allels deutliche Symptome einer Sauerstoff-Unterversorgung in Höhen über

Die Sichelzellanämie: dominant oder rezessiv vererbt?

3000 Meter. Dies liegt daran, dass das mutierte Allel ein Hämoglobin kodiert, das Sauerstoff nicht ausreichend binden kann. Obwohl in Folge des zweiten »normalen« Allels auch »normales« Hämoglobin gebildet wird, liegt insgesamt eine verringerte Menge an »normalem« Hämoglobin vor, die sich aber erst in großen Höhen auswirkt. So betrachtet muss man von einem dominanten Effekt sprechen, da ein mutiertes Allel für das Auftreten des Krankheitsbildes ausreichend ist.

Dieses Beispiel zeigt deutlich, wie schwierig es ist, eine einfache Beziehung zwischen Genen und körperlichen Merkmalen herzustellen.

> **Bei der Sichelzellanämie entscheidet ein Umweltfaktor, nämlich die Höhe über dem Meeresspiegel, über die Genwirkung.**
> **Für viele Merkmale verkompliziert sich diese Situation weiter, wenn mehrere Gene und mehrere Umweltfaktoren zusammenwirken.**

Auch mit modernen Methoden wie der DNA-Chip-Technologie sind keine einfachen Rückschlüsse von Genen auf Merkmale und umgekehrt möglich.

DNA-Chips

Solche DNA-Chips erlauben es, die Aktivität zahlreicher Gene des Menschen in einem einzigen Experiment zu untersuchen. Aber auch die Kenntnis der Aktivitätsprofile aller Gene einer Zelle erlaubt keinen direkten Rückschluss auf das Aussehen einer Zelle, geschweige denn eines Organs oder eines ganzen Organismus.

»Unsere Ur-Urgroßeltern kamen aus Afrika«

Evolutionsgenetik und Populationsgenetik

Auf der Grundlage der Projekte zur Sequenzierung des menschlichen Genoms sowie der Genome anderer Tierarten (Spezies) können immer bessere Vergleiche der Genome verwandter Spezies durchgeführt und Fragen nach der Abstammung des Menschen untersucht werden.

Bedeutung der Genzahl Nicht unerwartet haben die Vergleiche von Genomen verschiedener Tierarten gezeigt, dass die Zahl der Gene mit einem höheren Organisationsgrad der Tierarten ansteigt. So haben Wirbeltiere etwa doppelt so viele Gene wie wirbellose Tiere, die wiederum deutlich mehr Gene besitzen als Einzeller. Allerdings ist die Zahl der Gene bei hochkomplexen biologischen Organismen wie Säugern nicht so hoch, wie dies angesichts der Unterschiede zu sehr einfach aufgebauten Lebewesen vielleicht zu erwarten wäre.

> **Der Mensch besitzt nur anderthalbmal so viele Gene wie der Wurm C. elegans, der aus nur ca. 1000 Zellen besteht und eine Gesamtlänge von 1 Millimeter aufweist.**

Ähnlich wie die Anzahl der Gene hat auch die Größe der Genome bei höher entwickelten Organismen im Zuge der Evolution zugenommen. Während Bakteriengenome eine durchschnittliche Länge von 3 Millionen Basenpaaren aufweisen, liegt die Größe der Genome von wirbellosen Tieren im Schnitt bei 120 Millionen Basenpaaren und die der höher entwickelten Wirbeltiere bei über 2,5 Milliarden Basenpaaren.

Obwohl die Zahl der Gene und die Größe der Genome mit der evolutiven Entwicklung der Tierarten angestiegen ist, ist dies nicht parallel geschehen, so dass die Gendichte, d.h. die Zahl der Gene bezogen auf die Größe der Genome, bei hochkomplexen Organismen wesentlich niedriger ist als bei einfachen Organismen. Beim Menschen findet sich auf eine Länge von 100 000 Basenpaaren im Durchschnitt ein Gen, bei Bakterien bereits eines innerhalb von 1000.

Bedeutung der Gengröße und Gendichte

Zu den Unterschieden zwischen den Genomen tragen repetitive Sequenzen, also sich vielfach wiederholende informationsleere DNA-Abschnitte, maßgeblich bei. Während beim Menschen diese repetitiven Sequenzen nahezu 50 % des Genoms ausmachen, sind es bei der Maus nur ein Drittel und bei der Fruchtfliege Drosophila nur 10 %.

Neben der Genomgröße, der Genzahl und der Zahl repetitiver Sequenzen lassen vor allem Vergleiche der Gensequenzen Aussagen über die Verwandtschaftsbeziehungen der verschiedenen Tierspezies untereinander zu. Für viele der Gene des Menschen bzw. für die von diesen Genen codierten Proteine finden sich bereits bei niedrig

Verwandtschaft zwischen Menschen und anderen Lebewesen

entwickelten Lebewesen Entsprechungen, sogar schon bei Einzellern.

Etwa ein Viertel aller menschlichen Proteine kommt in gleicher bzw. ähnlicher Form im gesamten Tierreich vor und hat sich folglich sehr früh in der Evolution entwickelt. Ein Viertel der menschlichen Proteine lässt sich dagegen erst bei Wirbeltieren nachweisen, ist also sehr viel später in der Evolution entstanden.

Nur für weniger als 1 % der menschlichen Proteine finden sich bei anderen Tierspezies keine Entsprechungen.

Dies zeigt deutlich, wie ähnlich die verschiedenen Tierspezies auf der molekularen Ebene organisiert sind.

Der Schimpanse, unser nächster Verwandter

Besonders eng ist die Verwandtschaft von Menschen und Schimpansen, die durch einen Vergleich der Genome beider Spezies auf verschiedenen Ebenen belegt werden kann. Bereits bei der relativ groben mikroskopischen Betrachtung der Chromosomen lassen sich große Ähnlichkeiten zwischen Menschen und Schimpansen feststellen. Für Chromosomen bzw. Chromosomenabschnitte lassen sich jeweils entsprechende Gegenstücke in beiden Spezies nachweisen. So lässt sich nachweisen, dass das menschliche Chromosom Nr. 2 aus der Fusion (Verschmelzung) zweier bei den Affenartigen noch getrennter Chromosomen hervorgegangen ist. Aus diesem Grund haben Menschen 23 Chromosomenpaare, Schimpansen deren 24. Große Ähnlichkeiten im Chromosomenaufbau bestehen auch zwischen Mensch und Gorilla.

Die Bezeichnung »Menschenaffe« für Gorilla und Schimpanse, die ursprünglich nur durch Ähnlichkeiten der Anatomie begründet wurde, wird durch diese genetischen Befunde bestätigt.

Die Ähnlichkeit zwischen der DNA von Mensch und Menschenaffen besteht aber nicht nur auf der Ebene der Chromosomen, sondern reicht hinunter bis zur Ebene der einzelnen Nukleotide der DNA. So lassen sich für über 95 % der DNA-Sequenzen des Schimpansengenoms nahezu identische DNA-Sequenzen im menschlichen Genom finden. Die Unterschiede dieser beiden Spezies in gemeinsamen DNA-Sequenzbereichen betragen im Durchschnitt nur etwa 1,2 %. Noch offenkundiger werden die Ähnlichkeiten, wenn statt der gesamten Genome die einzelnen Gene betrachtet werden. Hier besteht zwischen Mensch und Schimpanse sogar eine Sequenzübereinstimmung von über 99 %. Man geht heute davon aus, dass es wahrscheinlich nur sehr wenige für den Menschen spezifische Gene gibt, die sich nicht bei den Menschenaffen wiederfinden.

Obwohl die Ähnlichkeiten auf der DNA-Ebene frappierend sind, darf man in diesem Zusammenhang nicht vergessen, dass die Merkmalsausprägung letztlich von der Genaktivität abhängt, d.h. dem Ausmaß, in dem Gene angeschaltet sind. Wenn man sich vor Augen führt, dass ca. 30 000 Gene in jedem Gewebe spezifisch ein- bzw. ausgeschaltet und viele dieser Gene für die Bildung mehrerer unterschiedlicher Proteine verantwortlich sind, wird deutlich, dass selbst bei nahezu identi-

Bedeutung der Genaktivität

schem Geninhalt völlig verschiedene Proteinmuster entstehen können. Dies erklärt auch, wieso die DNA in den Zellen aller Gewebe eines Menschen identisch, trotzdem aber für die Entwicklung seiner verschiedenen Organe verantwortlich ist. Ein Vergleich verschiedener Spezies kann deshalb zwar auf der Ebene der DNA sinnvoll vorgenommen werden, erfordert aber auf der Ebene der Proteine eine getrennte Betrachtung nach Organen. Ein solcher Vergleich ergibt, sicherlich nicht ganz unerwartet, dass die Unterschiede im Aktivitätsmuster der Gene zwischen Mensch und Schimpansen für das Gehirn besonders ausgeprägt sind.

Neben der Antwort auf die Frage, wie sich die Menschwerdung im Laufe der Evolution vollzogen hat, leistet die DNA-Sequenzanalyse auch einen wesentlichen Beitrag zur Erklärung der genetischen Unterschiede zwischen den heute lebenden Menschen. Wie zahlreiche Fossilienfunde nahelegen, **Ursprung des** liegt der Ursprung des heutigen Menschen (Homo **Menschen** sapiens sapiens) in Afrika. Diese ursprünglich nur auf Fossilienfunden aufbauende Hypothese wurde durch moderne molekulargenetische Untersuchungen bestätigt. Entsprechende Rückschlüsse über die Evolution des Menschen lassen sich zum einen durch vergleichende DNA-Untersuchungen heutiger Menschen verschiedener Herkunft vornehmen. So können beispielsweise zwei heute geographisch getrennt lebende Populationen in ihren DNA-Sequenzen Ähnlichkeiten aufweisen, die auf gemeinsame Vorfahren schließen lassen. Auf diese Weise lassen sich auch die Wanderbewegungen der früheren Menschen nachvollziehen. Zum anderen ist es auch möglich, DNA aus fossilen Knochen zu gewinnen und zu analysieren.

Der DNA-Analyse aus Fossilien sind allerdings insofern Grenzen gesetzt, als die DNA mit der Zeit zerfällt und aus den Fossilien somit nur noch sehr kurze DNA-Sequenzen bzw. bei sehr großen Zeiträumen von über 100000 Jahren gar keine Sequenzinformationen mehr gewonnen werden können.

DNA-Analyse fossiler Knochen

Abstammungslinien in der Evolution lassen sich besonders gut mit Hilfe der DNA von Mitochondrien verfolgen. Während die DNA der Chromosomen des Zellkerns in der Evolution häufigen Veränderungen (Rekombinationen) unterworfen war, ist die mitochondriale DNA in ihrer Sequenz weitgehend stabil geblieben, d.h. sie wird in weitestgehend unveränderter Form jeweils von der Mutter über ihre Eizellen an die Nachkommen weitergegeben. Die Mitochondrien der väterlichen Samenzellen dagegen werden nicht weitervererbt.

Durch Sequenzanalysen konnte die mitochondriale DNA-Sequenz des heutigen Menschen auf einen Menschen zurückverfolgt werden, der vor ca. 5000 bis 7000 Generationen lebte. Dies entspricht ungefähr einer Zeit von vor 100000 bis 150000 Jahren. Viele paläontologische und archäologische Daten sprechen dafür, dass dieser Mensch in Ostafrika lebte. Aufgrund der Tatsache, dass die Mitochondrien nur über die mütterlichen Eizellen vererbt werden, wird dieser Mensch auch als »Urmutter Eva« bezeichnet.

Diese Hypothese unterstellt, dass sich die heute lebenden Menschen alle auf eine Entwicklungslinie zurückführen lassen, die ihren Ursprung an einem Ort in Ostafrika hat.

Direkte Vorfahren heute lebender Menschen

Von hier aus haben sich die Vorfahren der heute lebenden Menschen verbreitet. Eine alternative Arbeitshypothese geht davon aus, dass sich die Menschen mehrmals zu verschiedenen Zeitpunkten von Afrika aus verbreitet haben. Alle damaligen Menschen, deren mitochondriale DNA nicht bei den heute lebenden Menschen zu finden ist, sind nicht unsere direkten Vorfahren.

Der Neandertaler

Durch diese Analysen lässt sich auch bestätigen, dass der Neandertaler, der vor ca. 30 000 Jahren ausstarb, nicht der Vorfahre des heutigen Menschen ist. Die mitochondriale DNA des Neandertalers wurde nicht an den heutigen Menschen weitergegeben.

Genetische Vielfalt bei Menschen

Die genetische Variabilität innerhalb der menschlichen Gattung ist im Vergleich zu anderen Spezies wie Affen oder Nagern relativ gering.

> **Man geht davon aus, dass es im Laufe der Evolution zu einem so genannten »Flaschenhalsphänomen« gekommen ist, d. h. dass zu einem gewissen Zeitpunkt der Menschwerdung nur eine geringe Anzahl von Individuen überlebt hat. Alle Gen- und Genomvarianten, die zu diesem Zeitpunkt existierten, sind mit den Individuen, die nicht überlebt haben, ausgestorben. Folglich ist eine Verringerung der genetischen Variabilität bei den Nachkommen dieser überlebenden Individuen festzustellen.**

Die Variabilität innerhalb der afrikanischen Population ist viel höher als bei den nichtafrikanischen Populationen; ein Europäer ist mit einem Chinesen näher verwandt als benachbarte Stämme in Südafrika miteinander. Dies stützt ebenfalls die Hypothese, dass der heutige Mensch aus Afrika stammt.

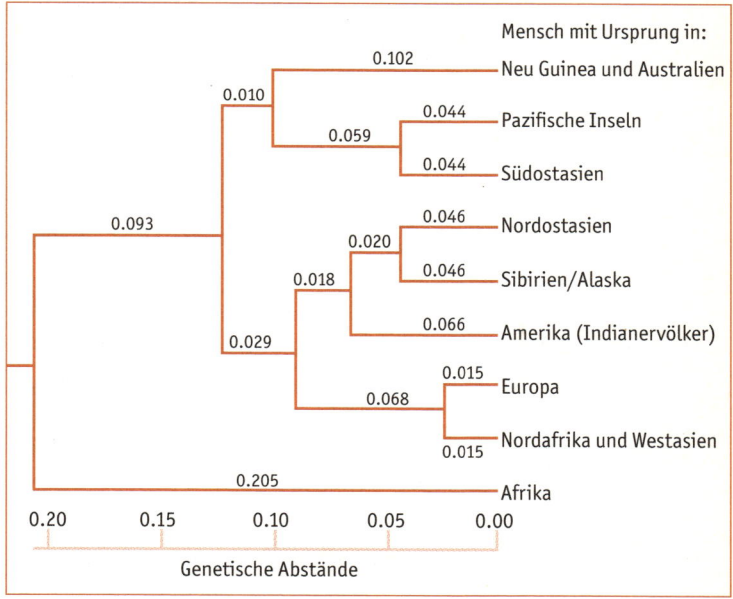

Molekularer Stammbau menschlicher Populationen.
Die Abstände sind aus den Sequenzvarianten im Populationsvergleich von 120 Genen errechnet.
Nach: L. L. Cavalli-Sforza / M. W. Feldman, Nature Genetics 33, 266–275 (2003)

Die genetische Variabilität hat zur Vielfältigkeit der heute lebenden Menschen geführt. Leider ist dieser Reichtum an genetischer Vielfalt und damit auch an Voraussetzungen, unterschiedliche Fähigkeiten auszubilden, über weite Epochen der

Menschheitsgeschichte nicht gewürdigt worden. Stattdessen hat man Ideologien von »genetisch reinen Rassen« propagiert und außerhalb dieser selbst definierten Rassen stehende Individuen verfolgt.

Unbesehen der ethischen Verwerflichkeit solchen Denkens soll hier kurz die biologische Unsinnigkeit angesprochen werden. Es ist unstrittig, dass es zwischen Populationen wie z.B. der mitteleuropäischen und ostasiatischen genetische Unterschiede gibt. Die Variabilität von menschlichen DNA-Sequenzen ist aber innerhalb einer Population größer als zwischen verschiedenen Populationen. Unterschiede in der DNA-Sequenz zwischen einzelnen Individuen machen zwischen 93 und 95 % der gesamten genetischen Variabilität des Menschen aus. Die genetische Variabilität ist dagegen nur zu maximal 5 % auf Unterschiede zwischen verschiedenen Populationen zurückzuführen.

Der Rassenbegriff ist ein politisch-soziales Konstrukt, das durch die Erkenntnisse der modernen molekularen Biologie als endgültig überholt betrachtet werden kann; in der Humangenetik hat sich der weniger mit Ideologien befrachtete Begriff »Populationen« durchgesetzt.

Genetik in der Medizin

»Krankheiten sind entweder ererbt oder erworben«

Erbe und Umwelt in der Entstehung von Krankheiten

Der Aufbau unseres Genoms mit der Anordnung der einzelnen Gene auf den Chromosomen gibt die beiden grundlegenden Formen genetischer Defekte vor: Es gibt Störungen auf der gröberen, mikroskopisch erkennbaren Ebene der 46 Chromosomen und Störungen einzelner unserer fast 30000 Gene, die als Mendelsche Erbleiden bekannt sind.

Fehler im Erbgut

Die bekannteste Form einer Chromosomenanomalie ist die Trisomie 21, die zum Down-Syndrom führt. In den Zellen eines betroffenen Menschen finden sich drei statt üblicherweise zwei Chromosomen Nr. 21. Dadurch entsteht ein Ungleichgewicht im Sinne einer »Überdosierung« der etwa 250 Gene, die auf Chromosom 21 lokalisiert sind. Obwohl jedes einzelne Gen, für sich betrachtet, normal aufgebaut ist, kommt es dadurch zu einer Störung der Funktionen unterschiedlicher Organe wie Herz, Immunsystem und Gehirn.

Down-Syndrom

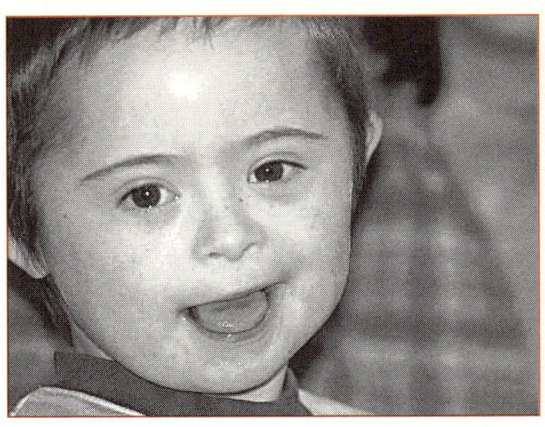

Kind mit Trisomie 21. Das nach seinem Erstbeschreiber John Langdon Down benannte Syndrom wurde aufgrund rassistischer Zuschreibungen als »Mongolismus« bezeichnet; dieser Begriff sollte nicht mehr verwendet werden.

Auswirkung von Trisomien

Auch für andere Chromosomen gibt es Trisomien. Diese führen bei den Chromosomen 13 und 18 zu schweren, fast immer im Säuglingsalter tödlichen Organschäden, für alle anderen Chromosomen mit Ausnahme der Geschlechtschromosomen sogar zu einem vorgeburtlichen Absterben des werdenden Kindes. Trisomien großer Chromosomen sind die häufigste Ursache für Fehlgeburten überhaupt; wahrscheinlich etwa die Hälfte aller befruchteten Eizellen trägt eine Chromosomenfehlverteilung.

In den meisten Fällen entstehen Trisomien als »freie« Trisomien durch einen spontanen Fehler bei der Aufteilung der Chromosomenpaare der Körperzellen in die mütterlichen

Eizellen oder der väterlichen Samenzellen. Es handelt sich dabei also nicht um erbliche Störungen, weshalb nach der Geburt eines Kindes mit einer Trisomie das Wiederholungsrisiko für weitere Nachkommen des Elternpaares sehr gering ist. Die Natur ist dabei allerdings ungerecht, weil die Häufigkeit von Chromosomenfehlverteilungen mit dem Alter der Mutter deutlich zunimmt, aber nicht wesentlich mit dem Alter des Vaters.

Chromosomen-mosaike

Seltener kommen »Mosaik-Trisomien« vor; hier hat das überzählige Chromosom nicht schon in der befruchteten Eizelle vorgelegen, aus der sich der Mensch entwickelt hat, sondern die Fehlverteilung ist erst danach in den frühen Teilungen der Körperzellen des Embryos entstanden. Dadurch kommt es dazu, dass nur in einem Teil der Zellen des Körpers die Chromosomenstörung vorliegt. Je nach dem Verhältnis zwischen veränderten und normalen Zellen kann bei einer solchen Mosaik-Trisomie die Ausprägung der Störung zwischen dem klassischen Vollbild der Chromosomenanomalie und einer völlig unbeeinträchtigten Gesundheit liegen.

Da es auch bei der normalen täglichen Regeneration der Körperzellen jedes Menschen immer wieder zu Chromosomenfehlverteilungen kommt, trägt also, genau betrachtet, jeder Mensch ein Mosaik-Down-Syndrom und andere Chromosomenanomalien in Mosaikform.

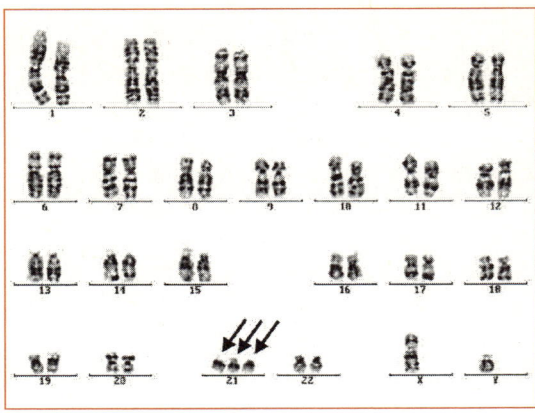

Chromosomen eines Mannes mit Down-Syndrom. Es liegt eine »freie Trisomie 21« vor, die drei Chromosomen 21 sind nicht mit anderen Chromosomen verschmolzen.

**Strukturver-
änderungen von
Chromosomen**

Nicht nur bei der Zahl, sondern auch im Aufbau von Chromosomen kann es Veränderungen geben. Durch Verluste oder Verdopplungen (Deletionen oder Duplikationen) von Chromosomenabschnitten können einzelne Gene oder ganze Gruppen von Genen verlorengehen oder vervielfacht werden. Bei Translokationen sind Chromosomenabschnitte zwischen verschiedenen Chromosomen ausgetauscht. Dies kann in balancierter Form geschehen, so dass die Gesamtzahl der Gene in der Zelle unverändert bleibt und der Translokationsträger gesund sein kann. Wer eine solche Translokation trägt – etwa jeder fünfhundertste gesunde Mensch – kann normale Keimzellen bilden, aber auch solche mit einer unbalancierten Aufteilung der Chromosomen, die dann zu einer Fehlgeburt oder einem behinderten Kind führen können.

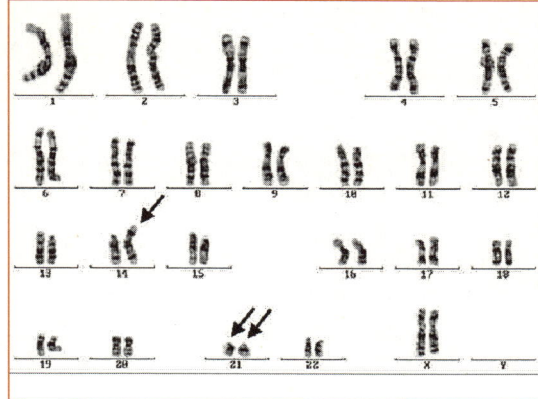

Chromosomen einer Frau mit Translokations-Down-Syndrom. Eines der drei Chromosomen 21 ist mit einem Chromosom 14 verschmolzen. Dieses Translokations-chromosom (oberer Pfeil) kann von einem gesunden Elternteil ererbt sein, das daneben nur jeweils ein normales Chromosom 14 und 21 besitzt.

Defekte an einzelnen Genen führen, mit noch zu machenden Einschränkungen, zu den »klassischen« monogenen Mendelschen Erbleiden. Die bei beiden Geschlechtern gleichen, auf den Chromosomen Nr. 1 bis 22 lokalisierten Gene liegen normalerweise in zwei funktionsfähigen Kopien vor, die von der Mutter beziehungsweise dem Vater ererbt worden sind.

Wenn nur eine der beiden Genkopien durch eine Mutation verändert und nicht mehr funktionsfähig ist, kann in den meisten Fällen die verbleibende Genkopie die Funktion aufrechterhalten. Dann verhält sich die Mutation rezessiv, und der Träger oder die Trägerin der Mutation bleibt ge-

Mendelsche Erb-leiden: Defekte einzelner Gene

sund. Wahrscheinlich ist jeder Mensch ein solcher überdeckter Anlageträger für mehrere rezessive Erbleiden.

> Nur wenn beide Eltern im jeweils gleichen
> Gen eine überdeckte Mutation tragen,
> können mit einer Wahrscheinlichkeit von
> $1/4$ beide Mutationen in einem Kind zusammen-
> treffen, so dass es keine gesunde Genkopie
> mehr trägt und erkrankt. Die Wahrscheinlich-
> keit, dass zwei Partner für dasselbe rezessive
> Erbleiden Anlageträger sind, ist dann be-
> sonders hoch, wenn zwischen ihnen eine
> Blutsverwandtschaft besteht, da sie dann
> von einem gemeinsamen Vorfahren die über-
> deckte Mutation geerbt haben können.

Die mit einer Häufigkeit von etwa 1:2500 Neugeborenen häufigste rezessive Erbkrankheit ist die
Mukoviszidose, aber es gibt vermutlich mehrere
tausend in dieser Weise erbliche Krankheiten, von
denen jede einzelne sehr selten ist. Zumeist trifft
eine rezessive Krankheit eines Kindes das gesunde Elternpaar völlig überraschend; erst dann
wird klar, dass für jedes weitere gemeinsame Kind
das Risiko für dieselbe Krankheit $1/4$ beträgt.

Umgekehrt kann bei den dominanten Erbleiden
die Mutation einer Genkopie nicht durch ihr
gesundes Gegenstück ausgeglichen werden, so
dass die veränderte Genkopie über die gesunde
»dominiert«. Hier gibt es also in der Regel keine
gesunden überdeckten Anlageträger. Wer von ei-

nem dominanten Erbleiden selbst betroffen ist, gibt in jeweils die Hälfte der Ei- oder Samenzellen seine veränderte oder seine gesunde Genkopie weiter, so dass für jedes Kind ein vom Geschlecht unabhängiges Erkrankungsrisiko von $^1/_2$ besteht.

Bei vielen autosomal-dominanten Erbleiden lässt sich aber beobachten, dass in Familienstammbäumen Generationen scheinbar übersprungen werden. Es muss hier also Anlageträger geben, die trotz ihrer Mutation die Krankheit nicht ausprägen. So beträgt für eine Frau, die eine Anlage für dominant erblichen Brustkrebs trägt, das lebenslange Brustkrebsrisiko nicht 100 %, sondern »nur« etwa 50 bis 80 %.

Frauen besitzen zwei X-Chromosomen, Männer ein X- und ein Y-Chromosom. Etwa 400 Gene liegen auf dem X-Chromosom und sind daher bei Frauen in doppelter, bei Männern nur in einfacher Version vorhanden – das viel kleinere Y-Chromosom, das den Mann zum Manne macht, trägt nur sehr wenige Gene. Es hat sich im Verlauf der letzten 150 Millionen Jahre durch »Abbröckeln« von Genen aus einem X-Chromosom entwickelt. Das X-Chromosom dagegen trägt auch Gene, die für beide Geschlechter lebensnotwendig sind; das bekannteste davon ist das für den Blutgerinnungsfaktor VIII.

Das Y-Chromosom des Mannes

Eine Frau, die ein verändertes Faktor-VIII-Gen auf einem ihrer beiden X-Chromosomen trägt, ist gesund, da sie eine normale Genkopie auf ihrem an-

Vererbung der Bluterkrankheit Hämophilie A

deren X-Chromosom besitzt. Gibt sie die Mutation an eine Tochter weiter, wird diese nicht erkranken, da sie ja von ihrem Vater ein funktionsfähiges X-Chromosom erbt. Ein Sohn dagegen bekommt von seinem Vater dessen Y-Chromosom. Er kann daher ein von der Mutter ererbtes verändertes Faktor-VIII-Gen auf seinem einzigen X-Chromosom nicht ausgleichen: er erkrankt an der Hämophilie A, die als Bluterkrankheit bekannt ist. Deshalb werden X-chromosomal rezessive Erbleiden über gesunde weibliche »Überträgerinnen« vererbt, kommen aber praktisch nur bei männlichen Nachkommen zur Ausprägung. Das berühmteste Beispiel dafür ist die englische Königin Victoria, von der die im europäischen Hochadel verbreitete Bluterkrankheit ausgegangen ist.

Multifaktorielle Krankheiten: Erbe und Umwelt

Den meisten Menschen kommen, wenn sie den Begriff »Erbkrankheit« hören, von Geburt an kranke Kinder in den Sinn. Dies trifft nur bedingt zu: Erbliche Krankheiten können nämlich durchaus erst im Erwachsenenalter ausbrechen, wie etwa der erbliche Brustkrebs oder die Huntington-Krankheit. Wir können auch nicht einfach sagen, dass alle diejenigen Krankheiten, die nicht bekanntermaßen erblich sind, erworbene Krankheiten sind.

Würde diese klare Unterscheidung zwischen Ererbtem und Erworbenem zutreffen und veränderte Gene nur für ganz bestimmte Krankheiten verantwortlich sein, so müssten alle Menschen in gleicher Weise empfindlich gegen von außen kommende krankheitsverursachende Einflüsse sein – was sie nicht sind.

Nehmen wir das Beispiel Lungenkrebs: Dass Tabakrauch krebserregend ist, ist allgemein bekannt. Manche Menschen reagieren schon auf geringe Mengen davon sehr empfindlich und bekommen bereits in jungen Jahren Lungenkrebs. Ungerechterweise, so mögen es manche empfinden, sind andere dagegen offenbar weitgehend resistent. Die Französin Jeanne Calment etwa fing mit 18 Jahren mit dem Rauchen an und gewöhnte es sich erst genau hundert Jahre später ab. Sie starb im Alter von 122 Jahren. Ähnliches zeigt uns unsere Lebenserfahrung auch für die Beziehungen zwischen Übergewicht und Herzinfarkt oder zwischen Alkoholkonsum und Leberversagen.

Unterschiedliche Empfindlichkeiten

Offensichtlich sind also die rein erblichen und die rein exogenen, also durch äußere Einflüsse verursachten Leiden nur die Extreme eines breiten Spektrums der Krankheitsentstehung. Die weit überwiegende Mehrzahl aller Krankheiten ist dagegen »multifaktoriell« verursacht, also durch ein Zusammenwirken genetischer Anlagen und äußerer Einflüsse.

Diese Beziehung zwischen Erbe und Umwelt fängt schon bei den klassischen monogenen Krankheiten an, die nach üblichem Verständnis allein durch einen Fehler in einem einzigen Gen ausgelöst werden. Ein Kind mit einer Mutation in beiden Kopien seines Mukoviszidose-Gens neigt durch krankhaft eingedickte Drüsensekrete zu chronischen Störungen der Atmungs- und Verdauungsfunktionen. Bis vor einigen Jahrzehn-

Zusammenwirken von Genen und Umwelt

ten erreichten nur wenige betroffene Kinder das Erwachsenenalter. Heute können viele Folgeerscheinungen des Gendefektes durch geeignete Ernährung, körperliches Training, Atemübungen und Infektionsbekämpfung soweit gemildert werden, dass die durchschnittliche Lebenserwartung eines Mukoviszidose-Kindes auf inzwischen über 40 Jahre gestiegen ist.

Steigerung der Lebenserwartung bei Mukoviszidose

Bei manchen Erbkrankheiten werden die Symptome überhaupt erst durch äußere Einwirkungen ausgelöst, wie etwa bei Xeroderma pigmentosum, einer zu Hautkrebs führenden extremen Überempfindlichkeit der Haut gegenüber ultravioletten Strahlen. Setzt sich ein Patient keiner Sonnenstrahlung aus, entsteht auch kein Hautkrebs. Der Preis dafür ist aber hoch: ein Leben ohne Sonnenlicht.

Auf der anderen Seite stehen die – scheinbar – rein »erworbenen« Krankheiten wie etwa Infektionen.

Genetischer Einfluss bei Infektionen

Hier gibt es aber genetische Varianten, die einen Menschen mehr oder weniger anfällig gegen einen bestimmten Krankheitserreger machen können.

> **Es ist schon lange bekannt, dass manche Menschen sich nicht dauerhaft mit dem Aids-Virus HIV infizieren, auch wenn sie das Virus in die Blutbahn aufgenommen haben. Der Grund dafür ist ein sogenannter Chemokin-Rezeptor, ein Eiweißkörper an der Oberfläche von Zellen des Immunsystems.**

An ihm müssen die Viren andocken, um dann in die Zelle eindringen zu können. Dies funktioniert aber nur, wenn der Rezeptor, aus der Sicht des Erregers betrachtet, »normal« aufgebaut ist. Bei ungefähr jedem zehnten Menschen besteht aber eine genetische Variante, die zu einer veränderten räumlichen Struktur des Rezeptors führt. Für die Funktion des Immunsystems und damit die Gesundheit ist das bedeutungslos, das Virus aber kann an diesem »abnormen« Rezeptor nicht andocken und damit den Träger der Genvariante nicht infizieren.

Solche genetischen Glücksfälle, die Resistenzen gegen Krankheitserreger erzeugen, können natürlich einen handfesten Überlebens- und auch Fruchtbarkeitsvorteil bedeuten. In malariaverseuchten Regionen Westafrikas etwa tragen bis zu 40 % der Bevölkerung die Sichelzell-Anlage, eine Mutation in einem Gen für den Blutfarbstoff Hämoglobin, die ihre körperliche Leistungsfähigkeit geringfügig beeinträchtigt und ein Risiko für schwerkranke Nachkommen mit sich bringt, wenn die Anlagen beider Eltern zusammentreffen. Mehr als aufgewogen werden diese Nachteile aber in diesen Gegenden durch eine weitgehende Resistenz gegen Malarieerreger, weshalb Kinder mit Sichelzell-Anlage in malariaverseuchten Regionen verbesserte Chancen haben, das Erwachsenenalter zu erreichen und sich fortzupflanzen.

Resistenzen gegen Krankheitserreger: Genetische Glücksfälle

Genvarianten ohne direkten Krankheitswert sind aber auch hierzulande sehr häufig. So tragen etwa 3 % der gesunden Menschen in Mitteleuropa, also allein über 2 Millionen Deutsche, eine als »Faktor V Leiden« bezeichnete Variante in einem für die Blutgerinnung mitverantwortlichen Gen. Sie haben ein gegenüber der Durchschnittsbevölkerung zehnfach erhöhtes Risiko, im Laufe ihres Lebens an einer Venenthrombose zu erkranken, insbesondere dann, wenn sie rauchen, übergewichtig sind oder als Frau mit der »Pille« verhüten.

Genetisches Risiko für Venenthrombosen

Dennoch wird die Mehrheit von ihnen niemals eine Thrombose bekommen. Deshalb kann der Nachweis einer solchen, als »Dispositionsfaktor« bezeichneten Genvariante, grundsätzlich keine auch nur halbwegs verlässliche Voraussage einer bevorstehenden Krankheit erlauben, sondern allenfalls eine etwas genauere Einschätzung des individuellen Erkrankungsrisikos.

»Bei manchen liegt der Krebs in der Familie«

Tumorgenetik

Schon lange ist bekannt, dass bestimmte Krebserkrankungen in einzelnen Familien gehäuft auftreten, ja sogar als echte Erbleiden weitergegeben werden können. »Krebs« ist einerseits ein klinischer Oberbegriff für eine Vielzahl unterschiedlicher Erkrankungen, andererseits sind die genetischen Grundmechanismen der Krebsentstehung recht überschaubar.

> **Jeder dritte Mensch erkrankt im Laufe seines Lebens an einem bösartigen Tumor, und jeder fünfte stirbt daran.**

Eine Zelle kann sich immer dann unbegrenzt zu teilen beginnen und damit zur Krebszelle werden, wenn in ihrem genetischen Programm durch – zumeist – erworbene Genveränderungen die Kontrollmechanismen der Zellteilung ausfallen. Verantwortlich dafür sind zwei Gruppen von Genen: die Onkogene (griechisch für »Krebsgene«), die entgegen ihrem Namen für das normale Wachstum und die Regeneration abgenutzter Gewebe unverzichtbar sind, und die Tumor-Suppressorgene, deren Aufgabe es ist, die Aktivität der Onkogene auf ein zuträgliches Maß zu begrenzen. Die meisten dieser Gene wirken spezifisch auf bestimmte Gewebearten; es gibt wohl Hunderte von Onkogenen und Tumor-Suppressorgenen – allein dies lässt schon erahnen, dass es wohl niemals ein einziges Allheilmittel gegen Krebs geben wird.

Krebsgene: Onkogene und Tumor-Suppressorgene

Das klassische Beispiel für die genetische Entstehungsweise von Krebserkrankungen ist das Retinoblastom, ein bei Kleinkindern auftretender bösartiger Tumor der sich entwickelnden Netzhaut des Auges. Das Retinoblastom tritt in zwei Formen auf, die vom Pathologen anhand des Gewebebildes nicht unterscheidbar sind: entweder »sporadisch« als Einzeltumor in einem Auge, oder aber »konstitutionell« mit mehreren Tumoren in beiden Augen und zusätzlich einem hohen Risiko für eine gleichartige Krankheit bei späteren Nachkommen.

Das für das Retinoblastom verantwortliche RB1 (»retinoblastoma-1«)-Gen ist seit 1986 bekannt. Jeder Mensch besitzt, unabhängig vom Geschlecht, zwei Kopien des RB1-Gens, je eine auf seinen beiden von Vater und Mutter ererbten Chromosomen 13. Aufgrund der natürlichen Mutationsrate kommt es immer wieder in einzelnen ausreifenden Netzhautzellen zum somatischen, also in einer Körperzelle neu entstandenen, Ausfall einer RB1-Genkopie. Dies schadet aber zunächst nicht, da die verbleibende »Sicherungskopie« auf dem anderen Chromosom 13 die Funktion aufrechterhalten kann. Viele, wenn nicht alle von uns tragen einzelne Körperzellen mit solchen heterozygoten RB1-Mutationen.

Nur in den seltenen Fällen, wenn in einer weiteren Zellteilung einer solchen somatisch vorgeschädigten ausreifenden Netzhautzelle zufällig auch die verbliebene RB1-Genkopie mutiert, verliert die Zelle damit in einem zweiten Schritt ihre Wachstumskontrolle und beginnt sich in zerstörerischer Weise zu teilen. Dies betrifft etwa jedes

20 000. Kleinkind als einseitiges Retinoblastom, das – früh genug erkannt – heilbar ist.

Wenn beide RB1-Mutationen in einer einzelnen Zelle der Netzhaut neu entstanden sind, treten beim betroffenen Kind keine weiteren Retinoblastome auf. Da weiterhin die somatischen RB1-Mutationen nicht die Keimzellen betreffen, haben Nachkommen eines ehemaligen Patienten mit sporadischem Retinoblastom kein erhöhtes Krebsrisiko.

Sporadisches und konstitutionelles Krankheitsbild

Etwa jeder 50 000. Mensch dagegen hat es mit einer konstitutionellen Retinoblastom-Belastung zu tun: In diesem Fall hat bereits die befruchtete Eizelle, aus der er hervorgegangen ist, eine RB1-Mutation getragen, die entweder von einem betroffenen Elternteil ererbt wurde oder als Neumutation in der Eizell- oder Samenzellbildung der Eltern entstanden ist.

Sporadischer Krebs:

normale Zelle mit doppeltem Tumor-Suppressor-Gen

Erstmutation

vorgeschädigte Zelle

Zweitmutation in genau dieser vorgeschädigten Zelle

Krebszelle

seltenes Doppelereignis: fast immer Einzeltumor, eher im höheren Alter

Familiärer Krebs:

<u>alle</u> Zellen des Körpers

mit anlagebedingter Erstmutation eines Tumor-Suppressor-Gens

Zweitmutation in <u>irgendeiner</u> Körperzelle, für die das Tumor-Suppressor-Gen zuständig ist

Krebszelle

bei Anlageträgern häufiges Einfachereignis: oft zahlreiche Tumore, eher im jüngeren Alter

Schema der Entstehung sporadischer und familiärer Krebserkrankungen

Dann sind alle Milliarden von Körperzellen, unter ihnen alle ausreifenden Netzhautzellen und auch die Vorstufen der Keimzellen, mit einer heterozygoten RB1-Mutation belastet. Dies stört die natürlichen Funktionen der Zellen nicht, aber in den Millionen von Netzhautzellen, für deren Wachstumskontrolle das RB1-Gen zuständig ist, genügt aufgrund der konstitutionellen Vorschädigung die natürliche Zufallsrate an somatischen Mutationen, um bei einem in dieser Weise genetisch vorbelasteten Kind unabhängig voneinander mehrere, zumeist beide Augen betreffende Retinoblastome zu erzeugen. Überlebt das Kind sein Krebsleiden, so wird es im Erwachsenenalter in jeweils die Hälfte seiner Eizellen oder Samenzellen die mutierte, in die andere Hälfte die normale RB1-Genkopie hineinverteilen. Folgerichtig sind statistisch die Hälfte der Kinder eines Menschen mit konstitutionellen Retinoblastom wiederum vom gleichen Leiden betroffen, was dem wohlbekannten Bild eines autosomal-dominanten Erbleidens entspricht.

In ähnlicher Weise gibt es für verschiedene andere Organsysteme zuständige Tumor-Suppressorgene, die bei rein somatischen Mutationen zu den typischen sporadischen Tumoren, bei zugrundeliegenden konstitutionellen Mutationen zu erblichen Tumorsyndromen führen.

Erblicher Brustkrebs und erblicher Darmkrebs

Die bekanntesten Beispiele für erblichen Krebs sind der erbliche Darmkrebs oder der erbliche Brustkrebs, die jeweils für etwa 5 % der in der Bevölkerung insgesamt vorkommenden entsprechenden Tumorfälle verantwortlich sind.

Allerdings sind hier die biologischen Abläufe und damit auch die diagnostische Zuordnung komplizierter als beim Retinoblastom:

1. Nicht alle Anlageträger erkranken auch im Laufe ihres Lebens tatsächlich an Krebs.

2. Die Wirkungsbereiche der verantwortlichen Tumor-Suppressorgene sind oft nicht auf ein einziges Gewebe beschränkt, so dass beispielsweise Frauen mit erblichem Brustkrebs auch ein hohes Risiko für Eierstockkrebs haben können.

3. Meist sind mehrere verschiedene Tumor-Suppressorgene für dasselbe Gewebe gemeinsam zuständig, so dass beispielsweise konstitutionelle Veränderungen in mindestens sechs verschiedenen Genen zum klinischen Bild des familiär erblichen Darmkrebses führen können.

4. Überdies sind noch längst nicht alle in Frage kommenden Gene überhaupt bekannt.

Daher ist es leider auf absehbare Zeit unmöglich, durch einfache Gentests bei jedem beliebigen Menschen eine erbliche Krebsbelastung nachzuweisen oder auszuschließen.

Innerhalb belasteter Familien sind aber solche Informationen äußerst wichtig, um Angehörige eines betroffenen Menschen entweder von ihrer Angst zu entlasten oder aber einem gezielten Vorsorgeprogramm zuzuführen, das in aller Regel auch für Hochrisikopatienten eine gute Lebenserwartung bei nur gering eingeschränkter Lebensqualität ermöglichen kann. Wenn in einer Familie der Verdacht auf ein mögliches erbliches Krebsleiden aufkommt, etwa bei mehreren gleich-

Gezielte Vorsorge

artigen Krebsfällen, Mehrfacherkrankungen bei derselben Person oder Krebserkrankungen in einem für den Krebstyp auffallend jungem Alter, sollte eine genetische Beratung erfolgen (siehe S. 89). Dort wird mit den Ratsuchenden besprochen, ob tatsächlich ein erbliches Krebsleiden in Betracht kommt und welche Diagnose- und Vorsorgemöglichkeiten zur Verfügung stehen.

Strahlen und Asbest: Exogene Krebsentstehung Der andere aus genetischer Sicht extreme, ebenfalls rare Sonderfall der Krebsentstehung sind die durch schädliche äußere Einwirkungen auf den Organismus ausgelösten Krebsformen. Ein typisches Beispiel ist die Häufung von Schilddrüsenkarzinomen nach der Katastrophe von Tschernobyl.

Damals wurden große Mengen von radioaktivem Jod freigesetzt, das von vielen Menschen aufgenommen und durch den Stoffwechsel in der Schilddrüse angereichert wurde. Damit war das Schilddrüsengewebe durch die eingelagerten strahlenden Partikel einer extrem hohen mutagenen Belastung ausgesetzt, wodurch sich die Wahrscheinlichkeit stark erhöhte, dass sich dort krebsauslösende Mutationen abspielten. Ähnliche Mechanismen kennt man auch bei beruflichen Expositionen, am bekanntesten ist der Krebs des Rippenfells bei Arbeitern in der Asbestindustrie.

Krebshäufigkeit Unabhängig von den seltenen Sonderfällen der exogenen oder familiär erblichen Krebsleiden und trotz der unverkennbaren Fortschritte in der Krebsbehandlung hat sich weithin der Eindruck verfestigt, dass Krebs heutzutage häufiger auftritt als in früheren Zeiten.

Eine ganz banale Erklärung dafür besteht sicherlich darin, dass die klinische Krebsdiagnostik präziser geworden ist. Viele der Todesfälle gerade bei älteren Menschen, die früher mit »Auszehrung« oder »Altersschwäche« erklärt wurden, gingen auf Krebsleiden oder Leukämien zurück, die heute präzise als solche bezeichnet werden.

Vor allem aber besteht ein Zusammenhang mit unserer erhöhten Lebenserwartung. In jedem Organismus finden immer wieder somatische Mutationen an Onkogenen oder Tumor-Suppressorgenen statt. Die meisten Mutationen oder die aus ihnen resultierenden frühen Stadien von Krebszellen werden aber von Reparaturmechanismen erkannt und eliminiert. Allerdings unterliegen diese zellulären Kontrollsysteme der Alterung und verlieren mit den Jahren an Zuverlässigkeit. Deshalb würde vermutlich jeder Mensch, wenn er nur lange genug lebte, irgendwann an Krebs erkranken.

Krebs im Alter

> **Einen zuverlässigen Schutz vor Krebs kann es für niemanden geben, wir können aber zweierlei tun: zum einen mutagenen Belastungen soweit wie möglich aus dem Weg gehen – das fängt bereits mit gesunder Ernährung an – und zum anderen durch klinische Krebsvorsorge den einmal entstandenen Tumor so früh wie möglich entdecken und behandeln.**

»Manche Gentests können nur das Schicksal voraussagen«

Was Gentests vorhersagen können

Diagnose ohne Therapiemöglichkeit

»Vor die Therapie haben die Götter die Diagnose gesetzt.« Diese medizinische Binsenweisheit lässt sich auch umkehren: »Was soll man mit einer Diagnose anfangen, aus der keine Therapie folgen kann?«

In der Humangenetik haben wir es zumeist mit Krankheiten zu tun, deren genetischer Nachweis nicht den Schlüssel zur Heilung mitliefert. Besonders bedrückend ist dieses Manko bei der Pränataldiagnostik – dazu mehr ab S. 74 – und bei den Erbkrankheiten, deren Ausbruch eine oft jahrzehntelange Phase unbeeinträchtigter Gesundheit vorangeht.

Da Gentests zu jedem Zeitpunkt des Lebens durchgeführt werden können, stellt sich die Frage, welchen Nutzen einem Menschen das Wissen über eine Krankheit bringen kann, die ihm erst in einigen Jahren oder Jahrzehnten bevorsteht. Wie im vorangegangenen Kapitel gezeigt, kann das Wissen um ein erblich bedingt hohes Krebsrisiko eine gezielte Krebsvorsorge anstoßen. Ebenso kann eine früh, am besten schon beim Neugeborenenscreening erkannte Stoffwechselstörung zu einer Diätbehandlung Anlass geben, mit deren Hilfe sich erst gar keine Symptome ausprägen.

Was aber, wenn der Test wirklich gar nichts anderes leisten kann als eine mehr oder weniger präzise Voraussage über eine irgendwann im Leben bevorstehende schwere Krankheit, die weder durch Vorbeugung verhindert noch nach dem Ausbruch geheilt werden kann?

> **Das bis in die Politik hinein immer wieder diskutierte Paradebeispiel für die Problematik der voraussagenden »prädiktiven« Diagnostik ist die Huntington-Krankheit.**

Die Huntington-Krankheit

Dabei handelt es sich um eine mit einer Häufigkeit von etwa 1:10 000 keineswegs seltene autosomal-dominante, also von einem betroffenen Menschen auf die Hälfte seiner Nachkommen weitervererbte, neurodegenerative Erkrankung. Wer die Anlage trägt, ist bis zum jungen Erwachsenenalter körperlich und geistig völlig gesund. Er fällt nicht einmal bei neurologischen Untersuchungen auf. Zumeist zwischen dem 35. und 45. Lebensjahr aber kommt es zu einem schleichend beginnenden, dann aber unaufhaltsam fortschreitenden Verlust geistiger und motorischer Fähigkeiten, der über durchschnittlich 15 Jahre zunächst zur Erwerbsunfähigkeit, dann zur Pflegebedürftigkeit und schließlich zum Tod führt. Den betroffenen Familien hat die Wissenschaft bislang keinerlei erfolgversprechende Therapien an die Hand gegeben. Immerhin aber ist das Huntington-Gen seit gut 10 Jahren bekannt und zuverlässig molekulargenetisch untersuchbar. Damit steht heute jeder Nachkomme eines von der Huntington-Krankheit betroffenen Elternteils vor der Frage, ob und gegebenenfalls wann er oder sie erfahren möchte, ob die Anlage nun bei ihm/ihr selbst vorliegt oder nicht. Anders ausgedrückt kann durch einen prädiktiven Gentest die Ungewissheit der 50 % Wahrscheinlichkeit einer Anlageträgerschaft auf 100 % – entsprechend unausweichlicher Erkrankung sowie Möglichkeit der Weitervererbung an eigene Nachkommen – oder aber Null – entsprechend weder künftiger eigener Erkrankung noch Weitergabemöglichkeit an Nachkommen – präzisiert werden. Besonders bedrückend für die meisten dieser sogenannten »Risikopersonen« ist es, dass sie den fatalen Verlauf der Huntington-Krankheit von einem Elternteil, manchmal auch von mehreren Familienmitgliedern, kennen.

Das prädiktive Dilemma: Wissen oder Nichtwissen?

Auch wenn der Gentest als solcher technisch nur eine einfache Blutprobe und eine Wartezeit von wenigen Wochen erfordert, ist die Entscheidung einer solchen Risikoperson über Wissen oder Nichtwissen wohl eine der schwierigsten, denen sich ein Mensch gegenübersehen kann.

Wegen der schicksalhaften Bedeutung der Diagnose haben sich weltweit Ärztevereinigungen und Betroffenenverbände auf Richtlinien verständigt, nach denen prädiktive Huntington-Gentests nur ausgehend von einer genetischen Beratung und nach einer mehrmonatigen psychotherapeutischen Vorbereitung durchgeführt werden sollen. Prädiktive Gentests an Minderjährigen sollen generell nicht erfolgen.

Auch wenn bei der Huntington-Krankheit im Hinblick auf vorgeburtliche Tests oder Präimplantationsdiagnostik (siehe S. 83) kein internationaler Konsens besteht, zeigt die Praxis, dass in den betroffenen Familien daran wenig Interesse besteht.

Erfahrungsgemäß nimmt von den jungen Huntington-Risikopersonen, denen das Beratungs- und Diagnoseverfahren angeboten wird, letztlich ungefähr jeder Dritte den Test in Anspruch. Fragt man diese nach ihren Motiven für ihr Wissen-Wollen, so stehen zum einen lebenspraktische Erwägungen im Vordergrund, vor allem die Entscheidung über ihren Kinderwunsch oder ihre Berufswahl. Zum anderen erleben nicht wenige die quälende Ungewissheit über ihr Schicksal als so unerträglich, dass sie aus emotionalen Gründen eine Klärung wünschen. Tatsächlich sind nach einem ungünstigen Ergebnis prädiktiver genetischer Diagnostik schwere Depressionen oder gar Selbstmorde sehr selten, vorausgesetzt, es hat eine angemessene Vorbereitung stattgefunden. Erstaunlicherweise hat sich sogar gezeigt, dass prädiktiv nachgewiesene Anlageträger für die Huntington-Krankheit überdurchschnittlich hohe Bildungsabschlüsse erreichen, offenbar aus dem Drang heraus, die nach dem Test als begrenzt bewusste Lebensspanne möglichst intensiv zu nutzen. Andererseits brauchen auch durch den Ausschluss einer Anlageträgerschaft von ihren Sorgen entlastete Risikopersonen oft eine psychologische Nachbetreuung, um sich auf ihre neue, »normale« Lebensperspektive einzustellen.

Gründe für den Gentest

Als Grund für den Verzicht auf den Gentest wird immer wieder die entwaffnend pragmatische Überlegung angeführt, man müsse ja nur lange genug warten, dann wisse man auch ohne Gentest Bescheid. Die Mehrzahl junger Huntington-Risikopersonen macht ihren Kinderwunsch auch bewusst nicht von der möglichen Weitervererbung einer Anlage abhängig, auch aus der nicht abwegigen Hoffnung heraus, dass in den etwa vierzig Jahren, bis ein möglicherweise betroffenes Kind erkranken könnte, die Medizin vielleicht schon ein Heilmittel gefunden haben wird.

Alzheimer-Gentests

Viel häufiger als diese Extremsituation eines durch ein einzelnes Gen entschiedenen Schicksals sind die genetischen Dispositionen für multifaktorielle Krankheiten, die nur einen von mehreren Faktoren darstellen, die einer Erkrankung zugrundeliegen. Solange deren Nachweis Anlass geben kann, durch eine sinnvolle Gesundheitsvorsorge dem Ausbruch der Erkrankung entgegenzuwirken, mögen Gentests noch ihren Sinn haben. Was aber soll man mit der Information anfangen, dass man als homozygoter Träger der Genvariante Apolipoprotein E4 – in Deutschland gibt es davon schätzungsweise drei Millionen – ein statistisch etwa vierfach erhöhtes Risiko hat, irgendwann an Alzheimer zu erkranken? Eine genauere Aussage über das Ob, Wann und Wie ist damit nicht möglich; Vorbeugemöglichkeiten gibt es nicht. Es ist beruhigend festzustellen, dass die kurz nach Entdeckung des Gens entstandene Modewelle der ApoE4-Gentests schnell wieder abgeebbt ist. Ein Mindestmaß an Ungewissheit über die eigene Zukunft scheinen die meisten Menschen doch zu brauchen.

»Ist die Fruchtwasseruntersuchung in Ordnung, wird das Kind gesund«

Pränataldiagnostik

Alle Eltern wünschen sich gesunde Kinder, nicht allen sind sie aber vergönnt. Etwa jedes 30. neugeborene Kind ist in irgendeiner Weise krank oder behindert. Dieses sogenannte »Basisrisiko« von 3–4 % ist ein ziemlich willkürlich gegriffener Wert; er umfasst z. B. auch eine operativ gut korrigierbare angeborene Lippenspalte.

Die meisten Behinderungen sind vor der Geburt nicht erkennbar

Die Mehrzahl aller angeborenen Behinderungen ist nicht anlagebedingt, sondern während oder nach der Schwangerschaft erworben. Durch Infektionen, Frühgeburtlichkeit, Sauerstoffmangel bei der Geburt oder auch mütterlichen Alkoholmissbrauch bedingte Schädigungen sind für wesentlich mehr Fälle von bleibenden Behinderungen von Kindern verantwortlich als alle genetischen Anomalien zusammen.

Schon hierdurch beantwortet sich die Frage, ob vorgeburtliche Untersuchungen jemals Garantieerklärungen für ein gesundes Kind gleichkommen können, mit einem klaren Nein.

Zur Routineüberwachung aller Schwangerschaften gehören Ultraschalluntersuchungen, die den ungestörten Verlauf der Schwangerschaft überprüfen sollen. Immer wieder werden dabei aber

Wachstumsstörungen oder Fehlbildungen beim werdenden Kind entdeckt, beispielsweise eine Spaltbildung der Wirbelsäule oder ein Herzfehler.

Ob sich die Schwangere dessen bewusst ist oder nicht: Jede Routineuntersuchung beim Frauenarzt ist nicht bloß »Babyfernsehen«, sondern kann bei einem auffälligen Befund schnell in die Frage einmünden, ob die Schwangerschaft fortgesetzt oder abgebrochen werden soll.

Ultraschall

> **Von seltenen Ausnahmen, etwa operierbaren Bauchwanddefekten, abgesehen sind vorgeburtlich festgestellte kindliche Anlagestörungen in aller Regel nicht heilbar. Das gilt insbesondere für die genetisch verursachten Entwicklungsstörungen, auf die sich die genetische Pränataldiagnostik im engeren Sinne richtet.**

Betrachten wir nun die verschiedenen vorgeburtlichen Zugänge zu genetischen Informationen.

Über die im Ultraschall bildlich darstellbaren Auffälligkeiten hinaus kann ein genetischer Befund immer nur an Zellen des werdenden Kindes erhoben werden, die invasiv mithilfe eines diagnostischen Eingriffs gewonnen werden müssen.

Die bekannteste und mit Abstand am häufigsten angewendete vorgeburtliche Zugangsweise dafür ist die Fruchtwasseruntersuchung (Amniozentese). Dabei wird vom spezialisierten Frauenarzt unter direkter Betrachtung durch Ultraschall mit

Amniozentese (Fruchtwasseruntersuchung)

einer Nadel durch die Bauchdecke der Mutter, die Gebärmutterwand und die Fruchtblase in die Fruchthöhle eingestochen und etwa 20 Kubikzentimeter Fruchtwasser entnommen. Darin schwimmen teilungsfähige, hauptsächlich aus der Niere ausgeschiedene Zellen des Kindes. Diese zunächst wenigen kindlichen Zellen werden in einer Nährlösung angezüchtet. Nach etwa 10 bis 14 Tagen lassen sich die Chromosomen präparieren und mikroskopisch darstellen; dabei werden mindestens 15 Zellen ausgewertet, um Mosaiken (Zellen mit unterschiedlichen Chromosomensätzen in derselben Probe) auf die Spur zu kommen. Zusätzlich können im Fruchtwasser biochemische Messungen durchgeführt werden, zum Beispiel des Alpha-Fetoproteins, das bei erhöhter Konzentration auf eine Neuralrohranomalie (»offener Rücken«) hinweist.

Eine Amniozentese kann frühestens in der 15. Schwangerschaftswoche durchgeführt werden.

Risiken der Amniozentese

Wie jede invasive Untersuchung hat auch eine Fruchtwasserpunktion ein, wenn auch niedriges, Komplikationsrisiko. Etwa jede zweihundertste Amniozentese führt durch den Eingriff selbst zu einer Fehlgeburt, hauptsächlich durch Fruchtwasserverlust, Blutungen oder Infektionen, nur sehr selten durch Verletzungen des Kindes mit der Nadel. Besonders schmerzlich für die betroffenen Eltern ist dabei, dass eine solche eingriffsbedingte Komplikation ja ein erwartungsgemäß gesundes Kind betrifft und fast unvermeidlich zu Schuldgefühlen führt, aus »Neugier« eine intakte Schwangerschaft zerstört zu haben.

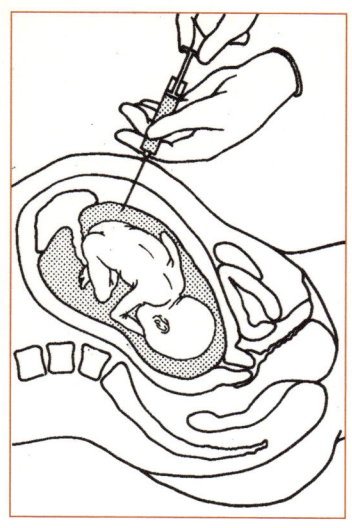

Schema einer Amniozentese in der 16. Woche. Im Fruchtwasser schwimmen teilungsfähige, vom Kind ausgeschiedene Zellen.

Deutlich früher in der Schwangerschaft durchführbar, nämlich ab etwa der 10. Woche, ist die Chorionzottenbiopsie (auch CVS für »chorionic villus sampling«). Dabei wird entweder durch die Bauchdecke oder durch den Muttermund eine Gewebeprobe vom kindlichen Anteil der Plazenta genommen. Über den frühen Entnahmezeitpunkt hinaus ist dabei ein Vorteil, dass eine große Zahl von kindlichen Zellen gewonnen werden kann, aus denen sich ohne vorherige Zellkultur molekulargenetische Untersuchungen auf Defekte einzelner Gene durchführen lassen.

Chorionzotten-biopsie

Hauptnachteil der CVS ist die etwas höhere Komplikationsrate als bei der Amniozentese, außerdem sind bestimmte Stoffwechseluntersuchungen nur an der Fruchtwasserflüssigkeit möglich. Als Faustregel für die Probenentnahme

Risiken der Chorionzotten-biopsie

gilt, dass bei geringer Wahrscheinlichkeit einer genetischen Anomalie, also zum Beispiel bei erhöhtem mütterlichem Alter, die Amniozentese die Methode der Wahl ist. Bei hohem Risiko dagegen, zum Beispiel bei bekannter Anlageträgerschaft der Eltern für ein schweres Erbleiden, ist die Chorionzottenbiopsie zu erwägen.

Anomalien der Chromosomenzahl Bei der sogenannten »Routine-Amniozentese« wird nur eine mikroskopische Chromosomenanalyse durchgeführt, bei der alle 46 Chromosomen bezüglich ihrer Zahl und ihrer groben Struktur beurteilt werden. Damit lassen sich zunächst überzählige komplette Chromosomen erkennen; das bekannteste Beispiel dafür ist die Trisomie 21, die beim geborenen Kind zum Down-Syndrom führt. Ein Kind mit einer Trisomie 13 oder 18 wird, wenn es bis zur Geburt überlebt, mit schweren Fehlbildungen und geringen Überlebenschancen geboren. Zahlenmäßige Veränderungen der Geschlechtschromosomen führen dagegen zu vergleichsweise geringen Problemen; Mädchen mit nur einem X-Chromosom (Turner-Syndrom) oder Jungen mit einem überzähligen X-Chromosom (Klinefelter-Syndrom) können sich geistig weitgehend normal und körperlich mit nur geringen Einschränkungen entwickeln.

Alle anderen Anomalien der Chromosomenzahl sind nicht mit dem Leben vereinbar; sie sind die häufigste Ursache von Fehlgeburten, die zumeist im ersten Drittel der Schwangerschaft stattfinden und damit vor dem Zeitpunkt, zu dem eine Fruchtwasseruntersuchung durchgeführt werden kann.

An dieser Stelle setzt das Angebot des »FISH (Fluoreszenz-in-situ-Hybridisierungs)-Schnelltests« an, bei dem die kindlichen Zellen unmittelbar nach der Fruchtwasserentnahme mithilfe spezieller Farbstoffe auf zahlenmäßige Veränderungen der Chromosomen 13, 18, 21, X und Y untersucht werden, die etwa drei Viertel aller vorgeburtlich erkennbaren Chromosomenanomalien ausmachen. Ein vorläufiges Teilergebnis der Chromosomenuntersuchung ist damit also schon nach 1 bis 2 Tagen verfügbar.

Der »FISH-Schnelltest«

> **Fehlverteilungen von Chromosomen sind in aller Regel nicht ererbt, sondern spontan während der Bildung von Eizellen oder Samenzellen neu entstanden. Die Mehrzahl davon entsteht in der mütterlichen Eizellbildung, die schon vor der eigenen Geburt der Frau beginnt.**

Wegen dieses über viele Jahre gehenden Ablaufes und des vor den Wechseljahren langsam abnehmenden Vorrats an Eizellen kommt es dazu, dass mit zunehmendem Alter schwangerer Frauen die Häufigkeit von Chromosomenfehlverteilungen langsam zunimmt. Bei einer unter 30 Jahre alten Frau liegt das Risiko dafür noch bei unter 0,2 %, bei einer 35-jährigen bei etwa 0,5 % und bei einer 40-jährigen bei 2 %. Mit 35 Jahren ist also das Risiko für eine kindliche Chromosomenstörung rein zahlenmäßig genauso groß wie die Gefahr einer durch die Fruchtwasserentnahme ausgelösten Fehlgeburt. An diesem ziemlich seltsamen Rechenexempel macht sich die weithin bekannte »Altersgrenze« von 35 Jahren für die Routine-Amniozentese fest.

Veränderungen der Chromosomenstruktur

Über die zahlenmäßigen Anomalien hinaus kann eine mikroskopische Chromosomenanalyse auch Veränderungen in der Struktur einzelner Chromosomen erkennen, dies aber nur in einem sehr groben Maßstab. Der Verlust eines Chromosomenabschnittes ist unter dem Mikroskop nur dann sichtbar, wenn er mindestens etwa 20 Millionen Basenpaare umfasst. Störungen einzelner Gene sind also auf diesem Wege grundsätzlich nicht erkennbar.

Nackenfaltenmessung und »Triple-Test«

Alle »Routineamniozentesen« außerhalb individuell vorbelasteter Familien gehen von einer Niedrigrisiko-Situation aus.

Als Entscheidungshilfe, ob die Schwangere überhaupt eine Fruchtwasseruntersuchung in Anspruch nehmen will, stehen die sogenannten »nicht-invasiven Suchtests« zur Verfügung. Dabei wird entweder per Ultraschall die Dicke einer Falte am Nacken des werdenden Kindes oder aus einer Blutprobe der Mutter die Konstellation bestimmter Hormonwerte (»Triple-Test«) gemessen. Beides kann nur einen indirekten Hinweis auf die statistische Wahrscheinlichkeit einer Trisomie des Kindes liefern. Die Suchtests geben also weder einen sicheren Nachweis noch einen sicheren Ausschluss einer Chromosomenstörung.

Ganz anders sieht es aus, wenn in der Familie der Schwangeren selbst, beispielsweise bei einem zuvor geborenen Kind des Elternpaares, eine bestimmte Erbkrankheit, etwa Muskelschwund oder eine Stoffwechselstörung, bekannt ist. Je nachdem, welcher Erbgang zugrunde liegt (siehe S. 54), kann das Risiko für diese bestimmte Krankheit beim erwarteten Kind bis zu 25 %, im Falle eines selbst betroffenen Elternteils sogar bis zu 50 % betragen. Nur dann, wenn zum Zeitpunkt der Schwangerschaft durch eine molekulargenetische Untersuchung des betroffenen Familienmitgliedes die zugrunde liegende Genmutation genau bekannt ist, kann sie durch eine vorgeburtliche Untersuchung am werdenden Kind überprüft werden. Da das Herausfinden einer Genmutation oft schwierig und langwierig ist, ist es für Familien mit einem entsprechend hohen Risiko für eine Erbkrankheit unbedingt notwendig, dies schon vor einer geplanten Schwangerschaft abzuklären.

> **Der Nachweis einer Chromosomenstörung oder einer Genmutation vor der Geburt kann nicht zu einer Heilung, sondern nur zur Entscheidung der Schwangeren führen, ob sie die Schwangerschaft im Bewusstsein der zu erwartenden Behinderung des Kindes zu Ende führen oder einen Schwangerschaftsabbruch in Anspruch nehmen will.**

Entscheidungskonflikte nach Pränataldiagnostik

Für den Gesetzgeber fallen Schwangerschaftsabbrüche nach vorgeburtlicher Diagnostik unter die »medizinische Indikation«.

Eine zeitliche Grenze für einen Schwangerschaftsabbruch existiert nach dem Gesetz nicht. Nach ärztlichen Selbstverpflichtungen sollen Schwangerschaftsabbrüche nach Pränataldiagnostik jenseits der 22. Schwangerschaftswoche nur dann in Erwägung gezogen werden, wenn das Kind keine Überlebenschance hat. Medizinisch entspricht ein Schwangerschaftsabbruch jenseits der 12. Woche einer künstlich eingeleiteten Fehlgeburt, die sich über Stunden und sogar Tage hinziehen kann. Über die ethische Problematik der Tötung eines ungeborenen Kindes hinaus bedeutet sie eine große körperliche und vor allem seelische Belastung für die Mutter und betrifft auch ihren Partner mit.

Vor der Diagnostik muss die Beratung stehen

Es ist daher der vielleicht wichtigste Rat an werdende Eltern, die über eine vorgeburtliche Untersuchung nachdenken, vor allen medizinischen Überlegungen zunächst die Grundsatzentscheidung zu treffen, ob ein bei einem auffälligen Ergebnis zu diskutierender Schwangerschaftsabbruch überhaupt mit ihren Wertvorstellungen vereinbar sein kann.

Davon ausgehend können die medizinischen Fragen mit dem Frauenarzt und dem Humangenetiker besprochen werden; es ist für die nächsten Jahre geplant, von Gesetzes wegen vorgeburtliche Untersuchungen nur noch nach einer erfolgten genetischen Beratung zuzulassen.

»Zeugung auf Probe statt Schwangerschaft auf Probe?«

Präimplantationsdiagnostik

Was kann ein Elternpaar tun, das sein erstes Kind früh an einer rezessiv erblichen, tödlichen Stoffwechselkrankheit verloren hat und noch gemeinsame Kinder haben will? Die Eltern wissen, dass jedes weitere Kind mit 25 % Wahrscheinlichkeit das gleiche Schicksal erleiden wird. Medizinisch wie rechtlich besteht die Möglichkeit der Pränataldiagnostik mit der Option eines Schwangerschaftsabbruchs, deren Ergebnis frühestens in der 11. Schwangerschaftswoche vorliegen kann. Für dieses Elternpaar bedeutet dies eine »Schwangerschaft auf Probe«, also drei Monate Warten nach der Zeugung im Bewusstsein des hohen Risikos, dass das erwartete Wunschkind wieder dieselbe tödliche Erbkrankheit haben kann. Die seelische Belastung ist enorm.

Erfahrungsgemäß ist dennoch für nicht wenige Elternpaare der Wunsch nach dem leiblich eigenen Kind so stark, dass dieser Weg dem Verzicht auf Kinder oder der Suche nach einem Adoptivkind vorgezogen wird.

Das Konzept der Präimplantationsdiagnostik bietet nun eine genetische Untersuchung vor dem Beginn der Schwangerschaft: Der Genbestand eines künftigen Menschen ist bereits zum Zeitpunkt der Befruchtung festgelegt. Aus einem

Untersuchung am Embryo

Embryo können während der ersten Entwicklungstage einzelne Zellen entnommen werden, ohne dass es der Gesundheit des entstehenden Kindes schadet. Mit der künstlichen Befruchtung steht eine Methode zur Verfügung, die Zeugung außerhalb des Mutterleibes vorzunehmen, so dass eine solche Zellentnahme stattfinden kann. Schließlich gibt die Molekulargenetik auch die Möglichkeit an die Hand, aus einer einzigen Zelle ihre DNA zu isolieren und auf eine bestimmte Mutation zu untersuchen.

Damit ist das Verfahren der Präimplantationsdiagnostik (PID) umrissen, aber auch schon die Problematik angedeutet: Sie kann nur im Zusammenhang mit einer künstlichen Befruchtung an einem ja eigentlich fruchtbaren Paar stattfinden. Für die Frau bedeutet das eine körperlich belastende Hormonbehandlung und Eierstockpunktion, bevor überhaupt die Untersuchung

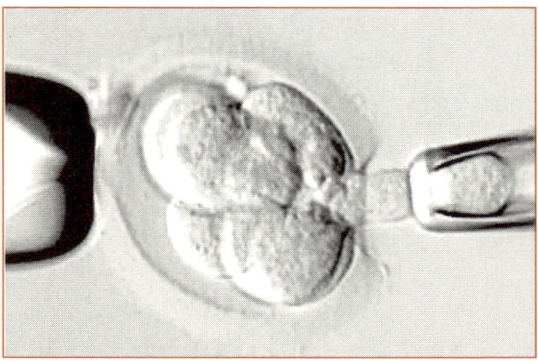

Entnahme einer Zelle aus einem Embryo für eine PID. Links: Dickere Haltepipette; rechts: dünnere Saugpipette mit aufgenommener Zelle.

stattfinden kann. Wenn sich auf diesem Weg überhaupt Eizellen gewinnen lassen, aus denen nach der Befruchtung mit den Samenzellen des Mannes in der Kulturschale Embryonen entstehen, ist der Ablauf technisch schwierig und wird vor allem ethisch problematisch.

Mit einer Pipette wird der Embryo, der zu diesem Zeitpunkt aus etwa 16 Zellen besteht, festgehalten und mit einer anderen, feineren Pipette die zu untersuchende einzelne Zelle (Blastomere) abgelöst. Die DNA dieser Zelle muss zunächst durch eine PCR (Polymerase-Kettenreaktion) identisch vervielfältigt werden, damit dann molekular überprüft werden kann, ob die Genmutation, die für die in der Familie bekannte Krankheit verantwortlich ist, vorliegt. Ein nicht betroffener Embryo kann in die Gebärmutter eingepflanzt werden.

Vorgehen bei der Präimplantationsdiagnostik

Ist nach dem Befund an der entnommenen Zelle mit einem von der Krankheit betroffenen Embryo auszugehen, so wird er – so der Sprachgebrauch – »verworfen«. Handwerklich handelt es sich dabei um ein bloßes Ausschütten einer Plastikschale, biologisch und nach moralischer Mehrheitsauffassung aber um eine Tötung eines sich entwickelnden Menschen in einer sehr frühen Lebensphase. Darüber, dass dem so ist, sind sich Medizin, Recht und Theologie weitgehend einig: Individuelles menschliches Leben beginnt mit dem Verschmelzen der Zellkerne von Samen- und Eizelle etwa 12 Stunden nach dem Beginn des Befruchtungsvorgangs. Das Bundesverfassungsgericht hat dazu klargestellt: »Wo menschliches Leben existiert, kommt ihm Menschenwürde zu.«

Ethische Problematik Nicht an der Frage, wann menschliches Leben biologisch beginnt, sondern ab wann und unter welchen Bedingungen es vom Strafrecht geschützt werden muss, hat sich der seit Jahren schwelende Streit entzündet, ob die PID in Deutschland zugelassen werden soll oder nicht. Die Befürworter, unter ihnen wohl die Mehrzahl der Ärzte, führen als Argument vor allem einen Wertungswiderspruch an: Es sei doch widersinnig, dass bei uns die Tötung eines weit entwickelten werdenden Kindes im vierten oder fünften Schwangerschaftsmonat nach einer Pränataldiagnostik zulässig ist, die eines frühen, zu Bewusstsein oder Schmerzempfindung unfähigen Embryos aber nicht. Für die Gegner steht, je nach ihrem weltanschaulichen Hintergrund, der absolute Schutz des gottesebenbildlichen Lebens von der Zeugung an (so vor allem die Kirchen) oder die Ablehnung einer Zeugung unter dem Vorbehalt einer Selektion nach genetischen Kriterien (so viele, wenn auch nicht alle Juristen) im Vordergrund. Auch wenn das seit 1990 bestehende Embryonenschutzgesetz die PID nicht ausdrücklich erwähnt, wird es doch überwiegend so interpretiert, dass sie in Deutschland verboten ist. Praktiziert wird sie jedenfalls bei uns derzeit nicht, wohl aber in den meisten unserer Nachbarländer. Es nehmen also durchaus deutsche Paare mit Kinderwunsch PID in Anspruch, wenn auch nur im Ausland.

Unter Skeptikern wie auch moderaten Befür-
wortern ist die Befürchtung verbreitet, mit einer
Zulassung von PID auf schwere
Erbleiden betrete man eine
»schiefe Ebene«, an deren Ende
die beliebige Auswahl von Embryonen nach Kriterien wie Musikalität oder Augenfarbe stehe
(siehe S. 121).

> **Die weltweit bei weitem am häufigsten durch-geführte Form von PID ist die Geschlechtswahl.**

Ein neuer Ansatz, die ethischen Probleme der
PID wenigstens teilweise zu umgehen, ist die Polkörperdiagnostik. Sie macht sich die Tatsache zunutze, dass sich Eizellen, anders als Samenzellen,
in ihrer Entwicklung zweimal asymmetrisch teilen. Daher finden sich an der Außenseite der
Eizelle als genetische »Abfallprodukte« die Pol-
körper, verkümmerte Reste der nicht weiterent-
wickelten Eizellvorstufen. Diese enthalten die in
der Eizellentwicklung ausgeschleusten Chromo-
somensätze. Es ist technisch machbar, die Pol-
körper von der Eizelle abzulösen, mit ähnlichen
Verfahren zu analysieren wie die embryonalen
Einzelzellen bei der PID und dann auf den Genbestand der – und das ist der Clou – noch nicht
befruchteten und damit noch nicht dem Schutz
embryonalen Lebens unterliegenden Eizelle zu-
rückzuschließen.

Polkörper-diagnostik: Test an einem »Abfallprodukt«

So bestechend das Prinzip ist, so schwierig ist
aber die Praxis.

Die Bildung des für die Diagnostik unverzicht-
baren zweiten Polkörpers findet erst nach dem

Eindringen der Samenzelle in die Eizellhülle statt. Im »Pronukleus-Stadium«, während dessen die Zellkerne von Ei- und Samenzelle nebeneinander liegen, aber noch nicht verschmolzen sind, bleibt daher nur ein äußerst knappes Zeitfenster von wenigen Stunden, die Polkörperdiagnostik auszuführen. Zudem liegt es im Wesen des Verfahrens, dass nur mütterliche, nicht aber väterliche Anlagen untersucht werden können – mit dem beruhigenden Aspekt, dass deshalb eine Geschlechtswahl des späteren Kindes hier nicht möglich ist.

Die Polkörperdiagnostik ist nach einhelliger Auffassung im Gegensatz zur PID in Deutschland zulässig und wird auch praktiziert, besonders für die Suche nach Chromosomenfehlverteilungen in der Eizelle. Ob sie angesichts ihrer Einschränkungen den Weg aus dem Status einer Notlösung finden wird, bleibt abzuwarten.

»Kann ich mich trauen, Kinder in die Welt zu setzen?«

Genetische Beratung

Seit etwa vierzig Jahren hat sich die Humangenetik aus einer rein wissenschaftlichen Disziplin heraus zu einem Fach der klinischen Medizin weiterentwickelt; seit 1995 gibt es in Deutschland Fachärzte für Humangenetik. Ihre Aufgabe ist, neben der Durchführung und Interpretation genetischer Labordiagnostik vor allem die genetische Beratung.

> Die Deutsche Gesellschaft für Humangenetik definiert genetische Beratung als »ein ärztliches Angebot an alle, die an einer genetisch bedingten Krankheit oder Behinderung leiden und/oder ein Erkrankungsrisiko für sich oder Angehörige befürchten. In der genetischen Beratung wird einzelnen Personen oder Familien umfassende medizinisch-genetische Information und ggf. Diagnostik zur Verfügung gestellt. Die Beratung schließt darüber hinaus die einfühlsame, von Respekt getragene Unterstützung eines Prozesses ein, in der eine Person oder Familie zu einer für sie tragbaren Einstellung bzw. Entscheidung hinsichtlich einer genetisch bedingten Erkrankung oder Behinderung bzw. eines Risikos hierfür findet.«

Genetische Beratung ist also gewissermaßen eine Antwort der Humangenetik auf ihr Dilemma, Ri-

»Sprechende« Humangenetik

siken berechnen und Diagnosen stellen, aber daraus nur in den seltensten Fällen eine zur Heilung führende Therapie ableiten zu können. Nach der Entwicklung der ersten genetischen Diagnoseverfahren hatte sich schnell gezeigt, dass es nicht ausreicht, im Labor eine Diagnose technisch zu erzeugen und in Papierform an den behandelnden Arzt oder den Patienten selbst zu übermitteln. Beide sind damit oft überfordert, was sowohl das fachliche Verständnis der diffizilen Materie als auch den Umgang mit dem erlangten Wissen angeht.

In Deutschland gehört genetische Beratung zum Leistungskatalog der gesetzlichen Krankenkassen; jeder Versicherte kann sich vom Hausarzt zur genetischen Beratung überweisen lassen wie zu jedem anderen Facharzt auch.

Menschen, die sich an eine genetische Beratungsstelle wenden, werden nicht als Patienten, sondern als »Ratsuchende« bezeichnet, denn längst nicht alle sind selbst krank.

Typische Fragen von Ratsuchenden an genetische Berater lauten etwa:

- »Meine Mutter und meine Schwester sind an Brustkrebs erkrankt. Wie hoch ist mein eigenes Brustkrebsrisiko, und was würde mir ein Gentest bringen?«
- »Mein erstes Kind leidet an einer Muskelkrankheit. Ist es etwas Erbliches, und wie hoch ist das Risiko für dieselbe Krankheit bei einem künftigen weiteren Kind?«

- »Ich bin 40 Jahre alt und schwanger, zuvor hatte ich drei Fehlgeburten. Wie groß sind meine Chancen für ein gesundes Kind, und welche Untersuchungen in der Schwangerschaft sind sinnvoll?«

Schon aus diesen Beispielen wird deutlich, dass genetische Beratung auf zwei Ebenen stattfindet.

Zum einen geht es um die Vermittlung objektiver Sachinformationen im Sinne von mathematischer Risikoberechnung oder Beurteilung, welche Gentests technisch möglich sind, zum anderen um die Unterstützung der Ratsuchenden in der nur individuell und subjektiv möglichen Entscheidungsfindung, welche der verfügbaren Möglichkeiten für sie selbst die richtigen sind.

Information und Hilfen zur Entscheidungsfindung

Die drei weltweit anerkannten Grundkonzepte moderner genetischer Beratung sind Freiwilligkeit, Individualität und Nicht-Direktivität. Anders ausgedrückt:

- Niemand darf gezwungen werden, zur genetischen Beratung zu kommen oder sich untersuchen zu lassen;
- Was für den einen Ratsuchenden in seiner Lebenssituation der richtige Weg ist, kann für den anderen in ähnlicher Lage falsch sein; eugenische Ziele (siehe S. 118) werden nicht verfolgt.
- Der Berater soll den Ratsuchenden helfen, die für sie selbst richtigen Entscheidungen zu treffen und nicht versuchen, seine eigene Meinung durchzusetzen.

Das Recht auf Nichtwissen

Nicht der Arzt, sondern der bzw. die Ratsuchenden wissen selbst am besten, was für sie gut ist. In der Humangenetik gilt das »Recht auf Nichtwissen«: Nach einer angemessenen Beratung ist es ethisch gleichwertig, ob der Ratsuchende eine ihm angebotene genetische Untersuchung in Anspruch nimmt oder darauf verzichtet, selbst dann, wenn der Berater für sich selbst die Entscheidung für unvernünftig hält.

Dauer der Beratung

Eine genetische Beratung dauert mindestens eine halbe Stunde, meist deutlich länger. Bei komplizierten Fragestellungen können auch mehrere Sitzungen erforderlich sein. Zu jeder Beratung gehört die Erhebung der Vorgeschichte der Ratsuchenden selbst – oft sitzen dem Berater Paare oder ganze Familien gegenüber -, die Sichtung vorliegender medizinischer Befunde sowie die Aufstellung eines Familienstammbaums. Geht es um die Bewältigung bereits vorliegender schwerwiegender genetischer Diagnosen oder die Vorbereitung prädiktiver Diagnostik, so ist auch psychologische Unterstützung wichtig; einige genetische Berater sind sogar selbst ausgebildete Psychotherapeuten.

Wünschenswert, aber keineswegs gängige Praxis ist es, dass vor jeder genetischen Untersuchung auch eine genetische Beratung erfolgen sollte. Gerade bei der »Routine-Pränataldiagnostik« wird diese Regel meist nicht eingehalten. Immer wieder kommt es dann dazu, dass eine schwangere Frau in eine genetische Pränataldiagnostik »hineinrutscht« und sich erst nach dem Vorliegen eines auffälligen Befundes beim werdenden Kind darüber klar wird, dass ein Schwangerschaftsabbruch mit ihren persönlichen Wertvorstellungen unvereinbar ist.

Selten kommt es sogar zu Konfliktsituationen zwischen genetischen Beratern und Ratsuchenden, insbesondere dann, wenn das Prinzip der Nicht-Direktivität überstrapaziert wird und ethisch unvertretbare oder gar illegale Vorgehensweisen gefordert werden. Vorgeburtliche Vaterschaftstests oder Geschlechtsdiagnostik beispielsweise sind als solche bislang nicht gesetzlich verboten, werden aber von den Humangenetikern hierzulande unisono abgelehnt. Solche Situationen sind aber die absolute Ausnahme; die gelungenste genetische Beratung ist sicher diejenige, die von den Ratsuchenden als hilfreiches, entspanntes Gespräch empfunden wird.

»Gegen Erbkrankheiten ist man hilflos«

Behandlung genetischer Krankheiten

Grundsätzlich lassen sich Krankheiten nur dann vollständig heilen, wenn es gelingt, ihre Ursachen zu beseitigen. Oft kann das der Körper mit eigenen dafür vorgesehenen Mitteln zustandebringen – etwa die Heilung einer Wunde durch Regeneration des zerstörten Gewebes.

> **Chromosomenanomalien oder Defekte einzelner Gene sind bereits im Programm des Organismus angelegt und zumeist in allen Milliarden von Körperzellen vorhanden. Der Körper selbst verfügt damit nicht über die Werkzeuge, mit denen er seine eigenen genetischen Fehlanlagen erkennen oder gar reparieren kann.**

Stoffwechseltherapie

Sieht man von der Zukunftsmusik der Gentherapie ab, kann sich die Behandlung genetisch bedingter Krankheiten nicht auf ihre Ursachen, sondern nur auf ihre Folgeerscheinungen richten. Am günstigsten sind die Voraussetzungen dafür dann, wenn der genetische Defekt nur zum Mangel an einem ersetzbaren Produkt führt oder zu einem gestörten Stoffwechselweg, der sich umgehen lässt, bevor Symptome eintreten.

PKU-Frühdiagnostik

Das klassische Beispiel für eine solche Stoffwechseltherapie ist die Phenylketonurie (PKU). Etwa jedes 10000. Kind ist von einer Mutation in beiden

Kopien seines Gens für das Enzym Phenylalanin-Hydroxylase betroffen. Dadurch ist es nicht imstande, den in vielen Nahrungsmitteln vorkommenden Eiweißbaustein Phenylalanin abzubauen. Als krankhaftes Stoffwechselprodukt wird dann Phenylbrenztraubensäure gebildet, welche die Ausreifung des kindlichen Gehirns stört und zu einer schweren geistigen Behinderung führt. Ist der Stoffwechseldefekt früh genug bekannt, kann mit einer Diät begonnen werden, die nur geringe Mengen von Phenylalanin enthält – ein wenig davon ist lebensnotwendig. Wird die Diät bis zum Abschluss der Ausreifung des Gehirns im Jugendalter konsequent durchgehalten, besteht die Chance, dass das Kind sich altersgemäß entwickelt und trotz seines Gendefektes gesund bleibt. Entscheidend ist die frühzeitige Erkennung, bevor Organschäden eintreten; deshalb gehört die PKU-Diagnostik zum Standardprogramm der Untersuchungen von Neugeborenen.

Handelt es sich nicht um einen fehlerhaften Stoffwechselweg, sondern um einen Mangel an einem lebensnotwendigen Stoffwechselprodukt, so kann zumindest im Prinzip versucht werden, die fehlende Substanz zu ersetzen. Das geht natürlich nur dann, wenn sie künstlich hergestellt und dem Körper in verwertbarer Form zugeführt werden kann. Eines der bislang leider erst wenigen Beispiele dafür ist die Gaucher-Krankheit. Hier können betroffene Menschen aufgrund eines Gendefektes das Enzym Glucocerebrosidase nicht bilden, was zur Ablagerung der normalerweise mit seiner Hilfe abgebauten Stoffwechselprodukte in verschiede-

Substitutionstherapie: Ersatz von Mangelsubstanzen

nen Organen führt und eine schwere chronische Erkrankung zur Folge haben kann. Seit einigen Jahren ist es nun möglich, das fehlende Enzym künstlich herzustellen und mit alle zwei Wochen erforderlichen Infusionen dem Körper zuzuführen. Für die betroffenen Menschen bedeutet der Zugang zu dieser Behandlung den Unterschied zwischen schwerem Leiden und einem weitgehend normalen Leben. Das Problem sind dabei die Kosten: Eine Glucocerebrosidase-Substitutionstherapie für einen Gaucher-Patienten – es gibt gut tausend in Deutschland – kostet ungefähr 200000 Euro pro Jahr, und das lebenslang.

Behandlung von Chromosomenanomalien

Derzeit und auch wohl auf absehbare Zeit nicht komplett heilbar sind diejenigen genetischen Veränderungen, die bereits lange vor der Geburt zu Anlagestörungen von Organen führen. Ein Beispiel dafür ist das Down-Syndrom (Trisomie 21): Die auf dem in allen Zellen des Körpers vorhandenen überzähligen Chromosom 21 liegenden etwa 250 einzelnen Gene sind zwar nicht selbst verändert, führen aber durch Dosiseffekte zu Störungen in der Entwicklung verschiedener Organsysteme, darunter auch des Gehirns. Dies bedeutet aber keineswegs, dass es keine hilfreichen und die Lebensperspektiven wesentlich verbessernden Therapieansätze gibt: »Unheilbar« bedeutet nicht »unbehandelbar«. Jedes zweite Kind mit Down-Syndrom wird mit einem Herzfehler geboren; die meisten davon lassen sich durch Operationen gut korrigieren. Menschen mit Down-Syndrom sind auch für bestimmte, als solche heilbare Krankheiten wie etwa Mittelohrentzündungen oder Schilddrüsenunterfunktion anfälliger als andere. Daraus hat sich ein Vorsorgeschema entwickelt, das sich über die normalen kinderärztlichen Untersuchungen hinaus gezielt auf die beim Down-Syndrom häufigen Komplikationen richtet. Bei konsequenter Vorsorge und Therapie kann heute ein Kind mit Down-Syndrom mit einer annähernd normalen Lebenserwartung rechnen.

Auch die Entwicklung und spätere Leistungsfähigkeit des Gehirns wird nicht nur von den Genen, sondern ganz wesentlich von äußeren Einflüssen bestimmt, die sich mit den Begriffen Förderung und Bildung umreißen lassen.

Durch eine auf die Besonderheiten der Entwicklung abgestimmte Unterstützung durch die Eltern und gezielte Therapien, beispielsweise Krankengymnastik und Logopädie, können heute die meisten Kinder mit Down-Syndrom die wichtigsten Kulturtechniken wie Lesen und Schreiben beherrschen lernen und sich in ein erfülltes Leben hineinentwickeln, auch wenn realistischerweise nicht alle intellektuellen Einschränkungen überwunden werden können.

Je früher eine klug geplante und konsequent durchgehaltene Behandlung beginnt, umso größer sind ihre Erfolgsaussichten. Werdende Eltern, denen nach einer Pränataldiagnostik mitgeteilt wird, dass sie ein Kind mit Down-Syndrom oder einer anderen genetischen Anomalie erwarten, haben Anspruch auf ein wahrheitsgetreues Bild davon, was mit medizinischer Betreuung und elterlicher Förderung für das Kind möglich ist und was nicht.

Förderung und Überforderung

Wunder lassen sich aber weder erzwingen noch herbeizaubern. Immer wieder erlebt man Eltern, die um jeden Preis zu beweisen versuchen, dass sie bessere Eltern seien als alle anderen und ihr Kind eben doch »normalkriegen« könnten. Sehr leicht schlägt dann engagierte Förderung in schädliche Überforderung um. Mit keinem Kind, ob gesund oder krank, kann man mehr erreichen als seine natürlichen Potenziale auszuschöpfen. Genauso wenig wie man ein musikalisches Durchschnittskind mit acht Stunden Klavierüben pro Tag zum Beethoven machen kann, lässt sich ein Kind mit Down-Syndrom mit Gewalt zum Abitur treiben oder eines mit Mukoviszidose zum Bundesligaspieler hochtrainieren; Glück definiert sich nicht durch messbare Leistung.

Besonders kritisch sollte man allen Versprechen irgendwelcher Therapeuten gegenüberstehen, mit einer neuen und, wie meist behauptet, exklusiv von ihnen durchgeführten Behandlungsmethode ließen sich zuvor unvorstellbare Erfolge erreichen. Oft soll mit solchen Angeboten Profit aus den Sorgen der Menschen geschlagen werden. Sieht man von den ganz wenigen Revolutionen in der Medizingeschichte ab, wie etwa der Erfindung der Impfstoffe, findet Fortschritt immer nur in kleinen Schritten statt; im Übrigen setzt sich in unserer heutigen, weltweit vernetzten Gesellschaft eine erfolgreiche Behandlungsmethode schnell durch.

»Bald können Erbkrankheiten mit Gentherapie geheilt werden«

Gentherapie

Auch bei den modernsten Enzym-Ersatztherapien ist der Patient lebenslang von einem von außen zugeführten Medikament abhängig. Was liegt also näher, als unmittelbar an der genetischen Ursache der Krankheit anzusetzen und nicht erst das fehlende Genprodukt zu ersetzen, sondern bereits das defekte Gen selbst?

Natürlich ist das alles andere als einfach. Es genügt nämlich nicht, einen korrekt aufgebauten Genabschnitt zu gewinnen – das kann aus jeder Blutprobe eines gesunden Menschen geschehen –, ihn zu vervielfältigen und ihn dem Patienten als Spritze oder Tablette zuzuführen. Das Gen muss zunächst seinen Weg genau in das Organ finden, in dem es dann aktiv sein soll. Dort muss es in einer funktionsfähigen, stabilen und mit den Funktionen anderer Gene verträglichen Weise ins Erbgut eingebaut werden. Schließlich muss das eingebaute Gen so steuerbar sein, dass es genau so viel an Genprodukt bildet, wie benötigt wird.

Das Ersetzen defekter Gene birgt Problematiken

Der Lohn für eine erfolgreiche Methode, nämlich die echte, dauerhafte Heilung von Erbkrankheiten, ist aber so verlockend, dass viele Wissenschaftlerteams seit Jahren hartnäckig an der Gentherapie arbeiten – bislang aber noch ohne durchschlagenden Erfolg.

Wo liegen nun die Schwierigkeiten?

Sie beginnen mit der zielsicheren Einschleusung der gesunden Genabschnitte in das Genom des Patienten. In Tablettenform durch den Mund aufgenommene DNA wird wie ein Nahrungsmittel verdaut, in den Blutkreislauf eingespritzt wird sie als Fremdsubstanz abgebaut. Man braucht Transportvehikel, sogenannte Vektoren, die DNA aufnehmen, gegen vorzeitigen Abbau schützen und gezielt in bestimmte Gewebe des Körpers hineinbringen können. Ideal geeignet sind dafür Viren, da sie von Natur aus genau diese Fähigkeiten besitzen: Sie können aktiv in den menschlichen Organismus eindringen und ihre eigene sowie gegebenenfalls zusätzliche DNA gezielt in das Organ hineinschleusen, das sie natürlicherweise infizieren. Das Problem liegt auf der Hand: Viren können Krankheiten verursachen. Man muss also im Labor versuchen, das genetische Programm von Viren so zu manipulieren, dass sie die für die die Gentherapie benötigte menschliche DNA aufnehmen und transportieren können, aber keine krankmachenden Eigenschaften mehr besitzen. Genau dies wurde schon vielfach versucht, beispielsweise mit Adenoviren, die in ihrer Wildform Infektionen der Atemwege oder der Leber verursachen.

Nach vielversprechenden Experimenten an Zellkulturen und Tieren versuchte man erstmals 1999 die Gentherapie eines Erbleidens an einem Patienten – verfrüht, wie sich herausstellen sollte. Der achtzehnjährige Amerikaner Jesse Gelsinger litt an einer chronischen Lebererkrankung durch den seltenen erblichen Mangel des Enzyms Ornithin-Transcarbamylase. Es wurde versucht, das bei ihm defekte Gen zu ersetzen, indem gesunde Genkopien in – so glaubte man – ihrer krankmachenden Eigenschaften beraubte Adenoviren hineingepackt wurden. Jesse wurden mehrere Milliarden Viren injiziert, in der Hoffnung, dass sie auf elegante Weise das Gen in seine Leber transportieren würden. Leider spielte sein Immunsystem nicht mit: Die Viren wurden als Eindringlinge erkannt und attackiert; die Reaktion war so heftig, dass der Junge ins Koma fiel und starb.

Seitdem ist die Euphorie gegenüber der Gentherapie großer Vorsicht gewichen und das um so mehr, als sich eine weitere unvorhergesehene Gefahr gezeigt hat, nämlich die Krebsauslösung. Fremde DNA kann, wenn sie von einer Zelle aufgenommen wird, in deren eigene DNA eingebaut werden. Allerdings lässt sich bislang nicht präzise steuern, an welcher Stelle im Erbgut der Empfängerzelle das geschieht. Deshalb kann es vorkommen, dass sie mitten in einem für die Empfängerzelle notwendigen Gen eingebaut wird.

Schlimmstenfalls, dachte man lange Zeit, wird dadurch diese Zelle zerstört und vom Körper ersetzt. Wenn es sich aber bei einem solchen geschädigten Empfänger-Gen um ein Tumor-Suppressorgen (siehe S. 61) handelt, kann es vorkommen, dass diese Zelle nicht zerstört wird, sondern sich unkontrolliert zu teilen beginnt und so zur Krebszelle wird.

Ausgerechnet die bislang erfolgreichste
Strategie von Gentherapie am Menschen,
nämlich die lebensrettende Behandlung von
Blutstammzellen mit veränderten Retroviren
bei schweren erblichen Immundefekten,
wurde in Frankreich durch mehrere Leukämie-
fälle in Frage gestellt.

Auch wenn sich die Hoffnungen auf bald verfüg-
bare einfache und billige Gentherapien nicht er-
füllt haben, bleibt das Ziel im Blick.

Inzwischen wird an neuen, ungefährlichen
Vektoren geforscht, beispielsweise an Liposomen, die als kleine Fettkügelchen die
Spender-DNA umhüllen, weiterhin an Verfahren, den Einbau des Spendergens an
bestimmte Stellen der Empfänger-DNA zu
lenken und seine Aktivität bedarfsabhängig
zu steuern. All das wird voraussichtlich noch
viele Jahre in Anspruch nehmen, gibt aber
langfristig doch Anlass zu Optimismus.

Keimbahn-
therapie:
Transgene
Menschen?

Reine Zukunftsmusik – und dabei wird es wohl
auch bleiben – ist dagegen die Keimbahn-Gentherapie. Der Grundgedanke ist bestechend: Statt
das gesunde Gen unter großen Schwierigkeiten in
Millionen von Zellen eines kranken Menschen
nach seiner Geburt einzubringen, könnte man
doch einfach an den Keimzellen der Eltern ansetzen und die Heilung schon bei der Befruchtung
vornehmen. Biologisch gesehen würde es sich bei

einem Kind, das nach einer solchen Keimbahn-veränderung geboren würde, um einen transgenen, also genetisch manipulierten Organismus handeln. Dem stehen schwerwiegende ethische Bedenken entgegen: zum einen die grundsätzliche Ablehnung von Eingriffen in die Schöpfung von Menschen, zum anderen die weltweit fast durchweg mit einem klaren Nein beantwortete Frage, ob ein medizinisches Verfahren verantwortbar sein kann, das im Falle des Versagens einen schwerstgeschädigten Menschen erzeugen würde. Das deutsche Embryonenschutzgesetz und auch internationale Konventionen erteilen deshalb der Keimbahn-Gentherapie eine klare und dauerhafte Absage.

Viel unspektakulärer, dafür aber schon sehr weit fortgeschritten ist die Entwicklung von Medikamenten, die gezielt auf die Aktivität krankhaft veränderter Gene wirken. So entsteht die chronisch-myeloische Leukämie durch eine nicht ererbte, sondern in einer Stammzelle des Knochenmarks neu entstandene Genveränderung, die aus einem Fehler in der Zellteilung mit der Folge der Verschmelzung der normalerweise auf verschiedenen Chromosomen beheimateten Gene BCR und ABL resultiert. Dieses neu entstandene abnorme »Fusionsgen« codiert für ein abnormes Enzym, welches wiederum die krankhaften Zellteilungen auslöst. Diese krankhafte »BCR-ABL-Tyrosinkinase« ist also nur in den Leukämiezellen, nicht aber in den gesunden Zellen des Patienten vorhanden. Mithilfe von dreidimensionalen Computermodellen konnte man den Auf-

»drug design« – Entwicklung neuer Medikamente

bau des Enzyms klären und das Medikament Imatinib entwickeln, das spezifisch seine stimulierende Wirkung auf die Zellteilung hemmt. Mit Imatinib behandelte Leukämiepatienten tragen also weiterhin krankhaft veränderte Zellen in ihrem Körper, können sich aber mit ihnen arrangieren, weil ihr zerstörerischer Wachstumsantrieb blockiert ist.

Diese Form des »drug designs« umgeht also bei den Krankheiten, für die sie Ansatzpunkte hat, viele Risiken und ethische Probleme der Gentherapie mit Spender-DNA. Ihr gehört zweifellos die Zukunft.

Genetik und Gesellschaft

»Bald bekommt man ohne Gen-Check keinen Job mehr«

Genetische Diskriminierung

Im Jahr 2003 machte der Fall einer jungen Lehrerin Schlagzeilen, die vor ihrer Verbeamtung dem Amtsarzt mitgeteilt hatte, dass ihr Vater an der Huntington-Krankheit (siehe S. 69) leide. Daraufhin wurde ihr die Übernahme ins Beamtenverhältnis mit dem Argument verweigert, ihr Risiko von 50%, die Anlage geerbt zu haben und dann irgendwann durch die Krankheit vorzeitig dienstunfähig zu werden, sei für den Staat nicht tragbar. Der jungen Frau wurde angeboten, sich einem prädiktiven Gentest zu unterziehen, was sie aufgrund der naheliegenden Annahme ablehnte, dass ein Nachweis der Krankheitsanlage ihren beruflichen Plänen ein Ende setzen würde. Der Fall endete mit einem salomonischen Richterspruch: Ein Risiko von 50% sei rechnerisch keine »überwiegende« Wahrscheinlichkeit für eine schwere Erkrankung, die nach dem Beamtenrecht für die Verweigerung der Verbeamtung erforderlich gewesen wäre.

Krankheitsrisiko – eine berufliche Barriere?

Dies illustriert die Brisanz genetischer Informationen für das Arbeitsleben: Jeder Arbeitgeber hat ein Interesse daran, sich möglichst solche Bewerber auszusuchen, die aller Wahrscheinlichkeit nach auf möglichst lange Zeit möglichst gesund sein werden. Aktuelle körperliche Erkrankungen können durch die üblichen arbeitsmedizinischen Einstellungsuntersuchungen erfasst werden. Mindestens genauso interessant können aber genetische Anlagen sein, die einen körperlich unauffälligen Bewerber als »Noch-nicht-Kranken« entlarven und ihm damit alle Chancen rauben, sich gegenüber genetisch – soweit erkennbar – Gesunden durchzusetzen.

Damit schwebt über denen, die von einer familiär erblichen Krankheit bedroht sind, über die Sorge um die künftige Gesundheit hinaus auch noch das Damoklesschwert der materiellen und sozialen Existenzbedrohung durch »genetische Diskriminierung« am Arbeitsplatz.

Ganz ähnlich verhält sich die Sache mit privaten Versicherungen. Nehmen wir als Beispiel einen jungen Familienvater, der aus seiner Familienvorgeschichte weiß, dass er mit hoher Wahrscheinlichkeit, aber eben nicht mit Sicherheit die Huntington-Krankheit oder eine erbliche Krebserkrankung bekommen wird. Er muss daher damit rechnen, irgendwann als Ernährer seiner Familie auszufallen und will deshalb seine Existenz mit einer Berufsunfähigkeitsversicherung absichern. Im Fragebogen für den Versicherungsvertrag könnte er wahrheitsgemäß angeben, dass

Gefahr genetischer Diskriminierung

er aktuell keinerlei körperlichen oder seelischen Erkrankungen hat. Wüsste das Versicherungsunternehmen aber, welches genetische Risiko er trägt, wäre ihm sehr daran gelegen, dem Antragsteller entweder den Vertrag zu verweigern oder einen Gentest zu verlangen und dann den Vertrag nur dann abzuschließen, wenn er nachweisen könne, dass er kein Anlageträger sei. Das wäre genetische Diskriminierung in Reinform.

Aber es geht auch andersherum: Warum, mag sich der junge Mann fragen, soll ich ins Blaue hinein eine teure Versicherung gegen eine künftige Erkrankung abschließen, wenn ich im Voraus erfahren kann, ob ich sie bekommen werde oder nicht? Also mache ich den prädiktiven Gentest unter dem Schutz des Arztgeheimnisses. Wenn ich Anlageträger bin: Vertragsabschluss; wenn nicht, fahre ich lieber von dem gesparten Geld öfter mal in Urlaub.

Interessen der Versicherungen

Das ist die genetische Gegendiskriminierung oder »Antiselektion«, ein Schreckgespenst für die Versicherer.

Auch wenn man geneigt ist, sich in der Kraftprobe zwischen Patient und Versicherungskonzern auf die Seite des Schwachen zu stellen, darf ein solches Handeln keine Schule machen, weil sonst das auf Risikostreuung gründende System des Versicherungswesens auf Kosten der gesamten Gesellschaft ins Wanken geriete. Einen Ausweg hat man in Großbritannien gefunden, der auch bei uns, derzeit als Selbstverpflichtung der

Versicherer und künftig im Gendiagnostikgesetz, Schule macht: Vor dem Abschluss von Versicherungsverträgen dürfen keine Gentests verlangt und keine vorliegenden Gentestergebnisse erfragt werden, es sei denn, die Versicherungssumme ist außergewöhnlich hoch.

DNA-Chips Am Horizont zeichnet sich bereits eine neue Dimension des fragwürdigen Umgangs mit genetischen Daten ab.

> **Mithilfe von »DNA-Chips« wird es schon bald möglich sein, aus einer einzigen Blutprobe eine Vielzahl von genetischen Risikofaktoren für multifaktorielle Volkskrankheiten wie Bluthochdruck oder Thromboseneigung zu erfassen und daraus, so hoffen die Entwickler, individuelle genetische Risikoprofile zu erstellen. Befürworter des »Chip-Screenings« preisen die Chancen für die persönliche Gesundheitsvorsorge; Skeptiker brauchen wenig Phantasie, um sich die Effekte solcher Risikoprofile in den Händen von Arbeitgebern oder Versicherern vorzustellen.**

Ein »falscher« Genbestand kann für einen gesunden Menschen aber auch im Privatleben problematisch werden.

Genetisches Screening bei der Partnerwahl Aus der Tatsache, dass Erbkrankheiten wie die Mukoviszidose bei einem Kind nur dann ausbrechen können, wenn beide Eltern überdeckte Anlageträger sind, folgt schnell die Überlegung,

GENETIK UND GESELLSCHAFT

man müsse am besten das Zusammentreffen solcher Partner bereits vor der Fortpflanzung verhindern. In verschiedenen Ländern wird genau dies bereits für Heiratskandidaten praktiziert. Das bekannteste Beispiel ist Israel: In vielen orthodoxen jüdischen Gemeinden gehört es bereits zum Standard, dass vor einer geplanten Eheschließung beide Partner auf Anlageträgerschaft für die in der dortigen Population verbreitetsten Erbkrankheiten untersucht werden. Ein wesentlicher Unterschied zu europäischen Verhältnissen besteht aber darin, dass es sich dort größtenteils um arrangierte Ehen handelt, bei denen sich das Paar zum Zeitpunkt des vorehelichen Gentests noch gar nicht kennt und ein »Nicht-Zusammenpassen« damit keine bereits bestehende Partnerschaft gefährdet.

Überträgt man aber das Prinzip des vorehelichen Screenings auf unsere Lebensverhältnisse, so wandelt es sich zu sozialem Sprengstoff. So bestechend die Idee auch zunächst klingen mag, Paare mit Kinderwunsch frühzeitig vor drohenden Krankheiten bei Nachkommen zu bewahren, so gering ist doch ihre Akzeptanz bei uns. So stieß ein erster Pilotversuch in den neunziger Jahren in Deutschland als gerade vor unserem geschichtlichen Hintergrund unerträgliche »eugenische Maßnahme« auf heftige Proteste und wurde nach kurzer Zeit erfolglos abgebrochen. In anderen Ländern ist man weniger zurückhaltend. In den USA beispielsweise wird das Mukoviszidose-Screening Paaren mit Kinderwunsch von ihren, dort ja durchgehend privaten, Krankenversicherern kostenlos angeboten – allerdings um den Preis eines Leistungsausschlusses für den Fall, dass das Angebot nicht wahrgenommen und dann ein mukoviszidosekrankes Kind geboren wird.

Screening auf behandelbare Erbleiden: Schlüssel zur Vorsorge

Wesentlich höher ist die Akzeptanz des Screenings auf Stoffwechselkrankheiten, deren Ausbruch sich durch vorbeugende Maßnahmen verhindern lässt, wenn die Anlage bekannt ist. Das klassische Beispiel dafür ist das, zu Recht allgemein empfohlene, Neugeborenenscreening zum Beispiel auf die Phenylketonurie (siehe S. 94). Wird bei einem Kind kurz nach der Geburt anhand eines Blutstropfens festgestellt, dass es von beiden Eltern die Anlage geerbt hat, kann es durch eine phenylalaninarme Diät vor einer drohenden Hirnschädigung bewahrt werden.

Ähnlich funktioniert auch das neuerdings bei uns angebotene Screening für Erwachsene auf Anlageträgerschaft für die erbliche Hämochromatose. Wer die Anlage trägt – etwa jeder 300. Mitteleuropäer – kann mit simplen Aderlässen davor bewahrt werden, zuviel des aus der Nahrung aufgenommenen Eisens im Körper zu speichern und sich dadurch schwere Schäden an seinen Organen einzuhandeln. So erfreulich diese Chance einer zuverlässigen Vorbeugung gegen eine Erbkrankheit ist, so schwierig bleibt doch die Frage, wie mit denen umgegangen werden soll, die sozusagen wider besseres Wissen auf ein ihnen angebotenenes Hämochromatose-Screening verzichten. Sollen sie, wenn sie dann

GENETIK UND GESELLSCHAFT

irgendwann erkranken, die Kosten selber tragen müssen? Wer dem zustimmt, der wird im Gesundheitswesen auch Raucher und Skifahrer unter dem gleichen Aspekt des Verursacherprinzips betrachten müssen.

»Mit Gen-Datenbanken fangen wir jeden Vergewaltiger«

Genetik in der Rechtsmedizin und Vaterschaftsdiagnostik

Eine eindeutige genetische Charakterisierung von biologischem Material spielt in sehr unterschiedlichen Bereichen der Medizin eine Rolle. In der Rechtsmedizin werden z. B. zur Überführung eines möglichen Täters Spuren am Tatort auf Übereinstimmungen mit genetischen Merkmalen des Verdächtigen untersucht.

Im Rahmen der Abstammungsdiagnostik ist meist die Frage einer möglichen Vaterschaft zu beantworten. Vor der Transplantation von Organen muss sichergestellt werden, dass zwischen Organspender und Organempfänger eine möglichst große genetische Übereinstimmung in für das Immunsystem bedeutsamen Merkmalen besteht, da ansonsten die Gefahr der Abstoßung des verpflanzten Organs zunimmt.

Genetische Datenträger

Die genetische Übereinstimmung bzw. Verschiedenheit, die in allen angesprochenen Untersuchungen überprüft wird, lässt sich mit Hilfe von vererbbaren Merkmalen klären. Hierbei kann es sich u. a. um Varianten bestimmter Enzyme handeln, um Strukturen auf der Zelloberfläche von Blutkörperchen oder um Merkmale der DNA. Letztere haben den höchsten Informationswert und werden heute fast ausschließlich zur Bestimmung von Verwandtschaftsbeziehungen herangezogen. Darüber hinaus haben DNA-Merkmale den großen Vorteil, dass sie aus kleinsten Mengen menschlicher Gewebe isoliert werden können, wie z. B. Haaren oder Blutspuren.

Bei den für die Spuren- und Abstammungsanalytik eingesetzten DNA-Merkmalen handelt es sich um kurze tandemartige Wiederholungen von DNA-Sequenzen aus dem Genom, die als Mikrosatellitenmarker (siehe S. 26) bezeichnet werden. Diese »repetitiven Marker« unterscheiden sich oftmals in der Anzahl ihrer Wiederholungen und damit in ihrer Länge. Die meisten menschlichen Zellen enthalten jeweils zwei Kopien eines Markers, von denen eine vom Vater und die andere von der Mutter ererbt ist.

Aufgrund der unterschiedlichen Zahl von Sequenzwiederholungen lassen sich die beiden Kopien des Markers anhand ihrer Länge oftmals voneinander unterscheiden und somit ihre Herkunft vom Vater oder von der Mutter eindeutig bestimmen.

Die Bestimmung der Längenunterschiede wird meistens mithilfe der Polymerase-Kettenreaktion (PCR) vorgenommen. Hierbei handelt es sich um eine einfache enzymatische Reaktion, mit der DNA-Abschnitte im »Reagenzglas« beliebig oft vermehrt werden können. Diese DNA-Fragmente werden anschließend farblich markiert und ihre

Der »genetische Fingerabdruck«

unterschiedliche Länge auf einem automatischen DNA-Sequenzierer gemessen. Es handelt sich dabei technisch um einen Routinevorgang, der innerhalb eines Tages abgeschlossen werden kann. Wichtig ist in diesem Zusammenhang, dass durch die Analyse der DNA-Marker zwar die Identität oder die Abstammung einer Person sehr präzise zugeordnet werden kann – deshalb wird das Verfahren auch als »genetischer Fingerabdruck« bezeichnet -, aber keine Aussagen über genetische Erkrankungen, Veranlagungen, Aussehen oder persönliche Eigenschaften der untersuchten Personen möglich sind. Die repetitiven DNA-Marker entstammen nämlich nicht den Genen, sondern den nicht-codierenden Bereichen des Genoms. Einzig das Geschlecht kann aus den Ergebnissen der Markeranalysen abgeleitet werden.

DNA-Vaterschaftstests Für eine Vaterschaftsanalyse wird die zu untersuchende DNA üblicherweise entweder aus Blut oder aus einem Abstrich von der Mundschleimhaut gewonnen. Für gerichtlich angeordnete Abstammungsgutachten muss die Abnahme der Proben immer in Anwesenheit von Zeugen erfolgen. Aber auch für privat in Auftrag gegebene Gutachten sollten die Labors die Identität der zu untersuchenden Proben sicherstellen. Keine noch so gute Laboruntersuchung kann zutreffende Ergebnisse hervorbringen, wenn die Herkunft des Untersuchungsmaterials nicht eindeutig bestimmt ist. Das Bundesverfassungsgericht hat die Verwendung anonymer Vaterschaftstests vor Gericht verboten und im Gegenzug den Gesetzgeber beauftragt, künftig zweifelnden Eltern den Zugang zum offiziellen Verfahren zu erleichtern.

Für die Analysen werden DNA-Mikrosatelliten-marker eingesetzt, die sich in ihrer Länge unterscheiden. Für eine Vaterschaftsdiagnostik werden in der Regel mindestens 12 verschiedene Marker analysiert.

Eine Vaterschaft kann mit Sicherheit ausgeschlossen werden, wenn der vermutete Vater für mindestens drei Marker die (Längen)-Merkmale nicht besitzt, die das Kind besitzt und von seinem tatsächlichen Vater ererbt haben muss. Mit der gleichen Sicherheit kann im übrigen auch ein Verdächtiger ausgeschlossen werden, wenn seine Markermerkmale nicht mit den Merkmalen des Untersuchungsmaterials vom Tatort, etwa einer Spermaspur nach einer Vergewaltigung, übereinstimmen.

Allerdings kann die Wahrscheinlichkeit berechnet werden, mit der ausgeschlossen werden kann, dass ein als Vater in Frage kommender Mann rein zufällig die gleichen Markermerkmale wie das Kind besitzt, ohne der biologische Vater zu sein. Mit geeigneten Markern lässt sich eine allgemeine Ausschlusschance von über 99,9999 % erreichen.

Zuverlässigkeit der Tests von 99,9999 %

Auch für den umgekehrten Fall, dass es sich nämlich bei dem möglichen Vater um den tatsächlichen Vater handelt, lässt sich nur eine Wahrscheinlichkeit berechnen. Gleiches gilt für eine genetische Übereinstimmung von Merkmalen eines Verdächtigen und Material vom Tatort. Je nachdem, wie viele Markermerkmale übereinstimmen, beträgt diese Wahrscheinlichkeit weit über 99 %. Wenn bei einem Vaterschaftsnachweis z. B. von 15 untersuchten Markern in allen 15 Fällen die Markermerkmale des Kindes, die nicht von der Mutter ererbt sind und folglich vom Vater stammen müssen, sich auch bei dem vermuteten Vater tatsächlich finden, so ist in diesem Fall von einer Vaterschaftswahrscheinlichkeit von über 99,9999 % auszugehen. Obwohl es sich hier nur um eine Wahrscheinlichkeitsberechnung handelt, geht man bei einem solchen sehr hohen Wert davon aus, dass die Vaterschaft »praktisch erwiesen« ist. Ein solcher Schluss wird auch von deutschen Gerichten anerkannt.

In die Berechnungen der Wahrscheinlichkeiten bei Abstammungsbestimmungen bzw. bei rechtsmedizinischen DNA-Analysen fließen mehrere Größen mit ein. Beispielsweise treten bestimmte Markermerkmale in einzelnen Bevölkerungsgruppen mit unterschiedlicher Häufigkeit auf. Ein Markermerkmal kann z. B. häufig in der mitteleuropäischen Bevölkerung, aber sehr selten in der asiatischen Bevölkerung auftreten. Für ein Abstammungsgutachten bei Personen mitteleuropäischer Abstammung wäre der Wert dieses Markers geringer als für ein Abstammungsgutachten bei Personen asiatischer Abstammung.

Rechtliche Folgen Die Konsequenzen einer gerichtlichen Anerkennung eines genetischen Identitäts- oder Abstammungsnachweises sind weitreichend: von der Verurteilung eines Verdächtigen als Mörder oder Vergewaltiger im Strafrecht bis zu Versorgungs- oder Erbansprüchen im Zivilrecht.

Unbestritten ist, dass die Molekulargenetik in den vergangenen zwanzig Jahren die Rechtsmedizin revolutioniert hat und durch sie heute die Chancen eines Gewaltverbrechers oder eines zahlungsunwilligen Vaters, aus Mangel an Beweisen ungeschoren davonzukommen, so gering sind wie nie zuvor.

»Kommen die perfekten Designerbabys?«

Eugenik und genetisches Enhancement

Schon in der griechischen Antike hatte Platon gefordert, man möge nur diejenigen Kinder aufziehen, die »von den besten Männern mit den besten Frauen« gezeugt worden seien. Im 19. Jahrhundert versuchte Francis Galton, ein Cousin von Charles Darwin, aus diesem uralten Gedanken die Eugenik als Wissenschaft zu formen, die sich die Verbesserung des Genbestandes der Menschheit oder einzelner Völker durch gezielte Zuchtwahl zum Ziel setzt.

Idee der Eugenik Dafür gibt es zunächst theoretisch zwei Denkansätze: Positive Eugenik soll die, nach welchen Maßstäben auch immer, »genetisch Starken und Gesunden« dazu ermuntern, möglichst viele Nachkommen zu haben, umgekehrt soll negative Eugenik die »genetisch Schwachen und Kranken« von der Fortpflanzung ausschließen.

Eugenik und „Rassenhygiene" Schon Anfang des 20. Jahrhunderts wurde im deutschen Sprachraum »Eugenik« sehr frei mit »Rassenhygiene« übersetzt und fand viele Anhänger, auch unter fachlich durchaus renommierten Genetikern. Auch in anderen Ländern, vor allem im angloamerikanischen Raum, war Eugenik populär, wobei man selten zwischen den zwar gleichermaßen abstrusen, aber eigentlich weit voneinander entfernten Zielvorstellungen »Erbgesundheit« und »Rasseeinheit« zu unterscheiden pflegte.

Der Nationalsozialismus mit seinem »Gesetz zur Verhütung erbkranken Nachwuchses«, das den Anfang des organisierten Terrors von Zwangssterilisationen und Massenmord an Behinderten markierte, entsprach also durchaus dem Zeitgeist. Das Ende der Nazizeit bedeutete auch nicht das weltweite Ende staatlicher eugenischer Maßnahmen: Noch in den siebziger Jahren wurden in skandinavischen Behindertenheimen systematische Sterilisationen von Insassen durchgeführt.

Wäre es, rechtliche und moralische Schranken außer Acht gelassen, biologisch überhaupt möglich, durch gezielte eugenische Zuchtwahl unter Menschen Erbkrankheiten auszurotten und günstige Erbanlagen zu verbreiten?

Die klare Antwort lautet nein, und dies aus drei Gründen:

Warum Eugenik nicht funktioniert

1. Rezessive Defektanlagen sind in der gesunden Allgemeinbevölkerung sehr weit verbreitet. So sind allein etwa 4 Millionen Deutsche gesunde Anlageträger für die Mukoviszidose. Angesichts der in die Tausende gehenden Zahl seltener rezessiver Leiden ist wohl jeder Mensch Anlageträger für vermutlich mehrere schwere Erbkrankheiten. Es ist allein eine Frage der Partnerkonstellation, ob diese Anlagen bei Nachkommen zusammentreffen und die Krankheit zum Ausbruch kommt.

2. Die Vorgänge des Kopierens der DNA und der Weitergabe der Chromosomen bei der Bildung der Keimzellen sind von Natur aus fehlerträchtig; es finden immer wieder Neumutationen statt. Folglich müssen also auch hypothetisch völlig »erbgesunde« Eltern damit rechnen, erbkranke Kinder bekommen zu können. Dass die überwiegende Mehrzahl der Behinderungen gar nicht genetisch bedingt, sondern vor, bei oder nach der Geburt erworben ist, tut ein Übriges.

3. Die rein erblich bedingten Krankheiten sind viel seltener als die multifaktoriellen »Volkskrankheiten«, für die erbliche Dispositionen nur einen von mehreren ursächlichen Faktoren darstellen. Mit Sicherheit gibt es keinen einzigen Menschen auf der Welt, der für sämtliche Volkskrankheiten eine günstige genetische Risikokonstellation besitzt. Auch alle Merkmale, die für eine positive Nachwuchsselektion interessant sein könnten – etwa Intelligenz oder Musikalität -, sind multifaktoriell, also nur zu einem gar nicht genau definierbaren Anteil genetisch bedingt und deshalb einer erfolgversprechenden Auswahl von Erzeugern kaum zugänglich.

Wollten wir im Sinne einer negativen Eugenik alle genetisch nicht perfekten Menschen von der Fortpflanzung ausschließen, müssten wir uns alle sterilisieren und die Menschheit aussterben lassen; für eine positive Eugenik hingegen würde es an sinnvollen genetischen Selektionsmaßstäben fehlen.

Trotz dieser ernüchternden und beruhigenden Fakten kommen immer wieder Spekulationen auf, inwieweit Eltern künftig ihre Kinder nach genetischen Wunschkriterien erzeugen lassen können. Der technisch gesehen einfachste Weg könnte sein, unter den Embryonen, die von einem Elternpaar bei einer künstlichen Befruchtung erzeugt werden, durch Präimplantationsdiagnostik (siehe S. 83) diejenigen auszuwählen, die besonders sportlich, blauäugig oder sonstwie nach den Präferenzen der Eltern geartet wären.

Möglichkeit von designten Babys

Abgesehen davon, dass das Verfahren der PID schon rein körperlich für die beteiligte Frau ziemlich belastend ist, würde dieses Ansinnen an simplen biologischen Tatsachen scheitern:

> **Gerade komplexe, möglicherweise wünschenswerte körperliche Merkmale und Charakterzüge sind durch das Zusammenwirken einer Vielzahl von Genen und äußeren Faktoren bestimmt; ein einzelnes Gen für blaue Augen oder gar Intelligenz, nach dem sich unter Embryonen selektieren ließe, gibt es überhaupt nicht.**

Streng genommen überhaupt kein Verfahren der Genetik, sondern der Reproduktionsmedizin ist das vieldiskutierte reproduktive Klonen, das durch das Schaf »Dolly« bekannt geworden ist. Vom Verfahren her soll damit erreicht werden, dass durch das Einpflanzen des Zellkerns einer

Reproduktives Klonen

Körperzelle eines beliebigen männlichen oder weiblichen »Spenders« in eine entkernte Eizelle und das anschließende Austragen dieses Embryos durch eine »Leihmutter« eine genetisch identische Kopie, also ein möglicherweise um viele Jahrzehnte jüngerer eineiiger Zwilling, des Spenders erzeugt wird. Von der moralischen Frage nach dem Recht eines Menschen auf Individualität einmal abgesehen, würde das Klonen höchstwahrscheinlich nicht zur gesunden Kindern führen.

Ein Grund dafür ist das sogenannte »genomische Imprinting«, ein molekularer Mechanismus, der bei der Bildung von Eizellen und Samenzellen auch Genen, die nicht auf den Geschlechtschromosomen liegen, spezifische väterliche oder mütterliche Prägungen zukommen lässt. Ein Embryo braucht Imprinting von beiden Elternteilen, das beim reproduktiven Klonen fehlen und deshalb vermutlich zu kranken Kindern führen würde. Dies ist neben dem ethischen ein weiteres starkes Argument für die inzwischen weltweit erreichte Ächtung von reproduktivem Klonen beim Menschen.

Science-Fiction: Herstellung transgener Menschen

Am äußersten Ende der Phantasieskala steht schließlich die genetische Manipulation von Menschen, also die künstliche Veränderung bestimmter Gene, wie sie beispielsweise von Bakterien bekannt ist, die menschliches Insulin bilden.

Die Szenarien von Armeen genetisch gleich-
geschalteter, willenloser Klonkrieger geistern seit
langem durch die Science-Fiction-Literatur. Aber
auch abgesehen von den enormen technischen
Schwierigkeiten, solche »transgenen« Menschen
herzustellen, gäbe es selbst für ein skrupelloses
Genie, das diese Grenzen überwinden könnte,
auch hier wieder das Problem, dass kein einzelnes Gen durch irgendwie geartete Veränderungen in voraussagbarer Weise »interessante«
Merkmale eines Menschen vorausbestimmen
könnte. Hinzu kommt die lange Generationszeit
des Menschen. Da solche Manipulationen schon
vor der Befruchtung an Keimzellen oder allenfalls am frühen Embryo einsetzen müssten, um
den daraus entstehenden Menschen komplett genetisch umzugestalten, würde es in jedem Falle
Jahrzehnte und damit sicherlich für einen unge-
duldigen Despoten mit Sicherheit viel zu lange
dauern, bis die transgenen Soldaten endlich
kampfbereit wären.

Anhang

Glossar

Allel; Ausprägungsform eines Gens (Normalallel oder mutiertes Allel).

Amniozentese; Fruchtwasseruntersuchung: Vorgeburtliche Entnahme von Fruchtwasser aus der Gebärmutter zur genetischen Untersuchung der darin enthaltenen kindlichen Zellen.

Autosomal; auf einem der bei beiden Geschlechtern doppelt vorhandenen Chromosomen Nr. 1–22 gelegenes Gen.

Chorionzottenbiopsie; Alternative zur Amniozentese für die vorgeburtliche Gewinnung kindlicher Zellen: früher in der Schwangerschaft möglich, aber komplikationsträchtiger.

Chromosom; Trägerkörperchen der Erbsubstanz. Die DNA ist darin auf einem Proteingerüst aufgewickelt; bei der Zellteilung werden die Chromosomen kondensiert und dienen zur gleichmäßigen Weitergabe des Erbmaterial an die Tochterzellen.

Codierende DNA-Sequenz; DNA-Sequenz, die für Eigenschaften des Organismus relevante Informationen trägt. Der überwiegende Teil der DNA ist nicht-codierend.

DNA; (auch als DNS abgekürzt) Desoxyribonukleinsäure; Trägersubstanz der Erbinformation.

DNA-Chip; miniaturisiertes Testsystem zur gleichzeitigen Untersuchung vieler Gene aus einer Probe.

Dominant; Mutation, die sich im heterozygoten und im homozygoten Zustand ausprägt; heterozygote Träger dominanter Krankheitsanlagen prägen die Krankheit aus.

Eugenik; Streben nach einer »Verbesserung« des Genbestandes einer Population durch Förderung der Fortpflanzung »guter« und Verhinderung der Fortpflanzung »schlechter« Anlageträger.

FISH; Fluoreszenz-in-situ-Hybridisierung: Mikroskopische Darstellung kleiner Chromosomenabschnitte mit farbmarkierten DNA-Sequenzen.

Fragiles X-Syndrom; X-chromosomal erbliche, bei Jungen stärker als bei Mädchen ausgeprägte Form von geistiger Behinderung.

Gaucher-Krankheit; autosomal-rezessiv erblicher Enzymdefekt, der durch Ablagerung von Stoffwechselprodukten verschiedene Organe schädigt.

Genom; Gesamtbestand aller Erbanlagen (Chromosomen und die darauf lokalisierten Gene; ggf. auch Mitochondrien).

Heterozygot; mischerbig; Allel oder Mutation auf einem der beiden von den Eltern ererbten Partnerchromosomen.

Homolog; einander entsprechende von Mutter und Vater ererbte Gene bzw. Chromosomen.

Homozygot; reinerbig; Allel oder Mutation auf beiden von den Eltern ererbten Partnerchromosomen.

Huntington-Krankheit; autosomal-dominant erbliche Abbauerkrankung des Gehirns, die sich im Erwachsenenalter ausprägt und zuvor prädiktiv diagnostiziert werden kann.

Karyotyp; paarweise zugeordnete mikroskopische Darstellung der Chromosomen.

Knockout-Maus; Maus, bei der gezielt ein Gen ausgeschaltet wurde; die dadurch ausgelösten Defekte weisen auf die normale Funktion des Gens hin.

Konstitutionelle Mutation; in allen Zellen des Organismus vorhandene, weitervererbbare Genveränderung.

Monogene Krankheit; Erbkrankheit, die durch Mutationen in einem einzelnen Gen verursacht wird.

Meiose; Bildung von Eizellen bzw. Samenzellen mit Aufteilung des doppelten Chromosomensatzes.

Mikrosatelliten und Minisatelliten; kurze repetitive DNA-Sequenzen ohne codierende Funktion.

Mitochondrien; außerhalb des Zellkerns lokalisierte, von den Chromosomen unabhängig in rein mütterlicher Linie vererbte Zellorganellen mit eigener DNA.

Mosaik; unterschiedliche genetische Informationen bzw. Chromosomenzahl in verschiedenen Zellen desselben Organismus.

Mukoviszidose; autosomal-rezessive Erbkrankheit, die zur Eindickung von Schleim mit der Folge chronischer Schäden an Lunge und Bauchspeicheldrüse führt.

Multifaktorielle Krankheit; Krankheit, die durch das Zusammenwirken erblicher und äußerer Faktoren verursacht wird.

Mutation; Genveränderung (konstitutionell oder somatisch).

Nukleotide; Einzelbausteine der DNA, aus denen sich die Basensequenz zusammensetzt.

Onkogen; Gen, das die Zellteilung fördert; bei krankhafter Überaktivität krebsauslösend.

PCR; Polymerase-Kettenreaktion; Verfahren zur identischen Vervielfältigung von DNA-Abschnitten.

Phänotyp; Erscheinungsform eines Merkmals; z.B. Organfehlbildung.

PID; Präimplantationsdiagnostik; genetische Untersuchung an Einzelzellen früher Embryonen außerhalb des Mutterleibs.

Polkörperdiagnostik; Untersuchung des Genbestandes einer Eizelle bei einer künstlichen Befruchtung unmittelbar vor der Entstehung des Embryos.

Polymorphismus; Meist häufige genetische Variante ohne Krankheitswert, im Gegensatz zur Mutation.

Prädiktiver Gentest; genetische Untersuchung, die bei einem (noch) gesunden Menschen eine künftig bevorstehende Krankheit voraussagt, z.B. bei der Huntington-Krankheit.

Repetitive Sequenz; tandemartig wiederholte, kurze DNA-Basenfolge, z.B. CTG-CTG-CTG-CTG....

Retinoblastom; kindlicher Augentumor aufgrund von Mutationen im RB1-Tumor-Suppressorgen, der in einem Teil der Fälle erblich ist.

Rezessiv; Mutation, die sich nur im homozygoten Zustand ausprägt; heterozygote Träger rezessiver Krankheitsanlagen sind gesund.

RNA; Ribonukleinsäure; Überträgersubstanz der Erbinformation innerhalb der Zelle.

Screening; Suche nach Krankheitsanlagen in der gesunden Bevölkerung oder bei Neugeborenen.

Somatische Mutation; in Körperzellen entstandene, nicht weitervererbbare Genveränderung.

Tumor-Suppressorgen; Gen, das die Zellteilung kontrolliert; bei krankhafter Inaktivierung krebsauslösend.

Vektor; Transportmittel für Genabschnitte bei der Gentherapie, z. B. Viren oder Liposomen.

Zentromer; Abschnitt eines Chromosoms, an dem bei der Zellteilung die Spindeln für die Auftrennung ansetzen.

Weiterführende Literatur

Buselmaier, W., Tariverdian, G. 2007. Humangenetik. Heidelberg: Springer.

Dawkins, R. 1996. Das egoistische Gen. Reinbek: Rowohlt.

Henn, W. 2004. Warum Frauen nicht schwach, Schwarze nicht dumm und Behinderte nicht arm dran sind. Freiburg: Herder.

Oduncu, F., Platzer, K., Henn, W. 2005. Der Zugriff auf den Embryo. Göttingen: Vandenhoeck & Ruprecht.

Olson, S. 2004. Herkunft und Geschichte des Menschen. Berlin: BVT.

Passarge, E. 2003. Taschenatlas der Genetik. Stuttgart: Thieme.

Plomin, R., DeFries, J., McClearn, G. 1999. Gene, Umwelt und Verhalten. Bern: Huber.

Reichholf, J. H. 1994. Das Rätsel der Menschwerdung. München: dtv.

Schmidtke, J. 2002. Vererbung und Ererbtes – Ein humangenetischer Ratgeber. Chemnitz: Verlag der GUC.

Sykes, B. 2003. Die sieben Töchter Evas. Bergisch Gladbach: Lübbe.

Watson, J. D. 1968. Die Doppelhelix. Reinbek: Rowohlt.

Zankl, H. 2006. Das verflixte X. Sind Frauen intelligenter als Männer? Darmstadt: Primus.

Zankl, H. 2001. Von der Keimzelle zum Individuum. München: C. H. Beck.